最新分類法APG IV增訂版

植物學百科圖典

Illustrated Glossary of Botanical Terms

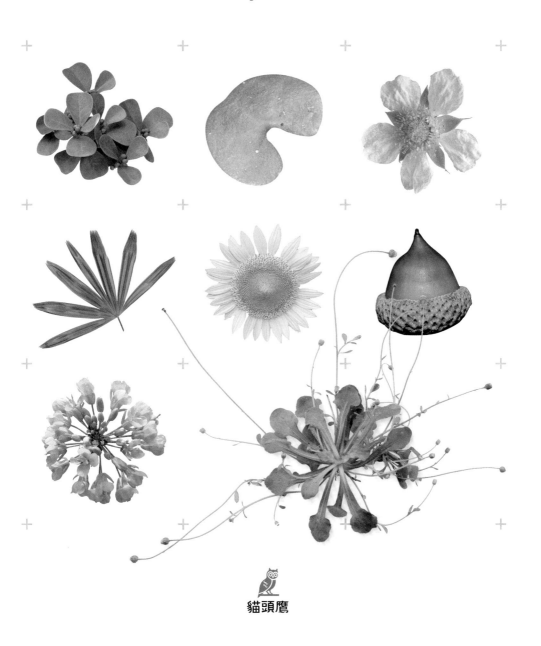

貓頭鷹

目次

作者序	**6**
如何使用本書	**7**
一般名詞	**8**

苔蘚植物⋯⋯⋯⋯⋯⋯8
配子體⋯⋯⋯⋯⋯⋯⋯8
孢子體⋯⋯⋯⋯⋯⋯⋯8
維管束植物⋯⋯⋯⋯⋯9
擬蕨類⋯⋯⋯⋯⋯⋯⋯9
蕨類植物⋯⋯⋯⋯⋯10
孢子囊群⋯⋯⋯⋯⋯10
孢膜⋯⋯⋯⋯⋯⋯⋯10
假孢膜⋯⋯⋯⋯⋯⋯10
真蕨類⋯⋯⋯⋯⋯⋯11
蕨葉⋯⋯⋯⋯⋯⋯⋯11
孢子⋯⋯⋯⋯⋯⋯⋯11
孢子囊⋯⋯⋯⋯⋯⋯11
裸子植物⋯⋯⋯⋯⋯12
被子植物⋯⋯⋯⋯⋯12
單子葉植物⋯⋯⋯⋯13
雙子葉植物⋯⋯⋯⋯13
木本植物⋯⋯⋯⋯⋯14
草本植物⋯⋯⋯⋯⋯14
木質草本⋯⋯⋯⋯⋯15
木質化⋯⋯⋯⋯⋯⋯15
喬木⋯⋯⋯⋯⋯⋯⋯15
灌木⋯⋯⋯⋯⋯⋯⋯16
藤本植物⋯⋯⋯⋯⋯16
木質藤本⋯⋯⋯⋯⋯17
攀緣植物⋯⋯⋯⋯⋯17
纏繞植物⋯⋯⋯⋯⋯18
蔓性植物⋯⋯⋯⋯⋯18
原生植物⋯⋯⋯⋯⋯19
特有植物⋯⋯⋯⋯⋯19

外來植物⋯⋯⋯⋯⋯20
引進植物⋯⋯⋯⋯⋯20
歸化植物⋯⋯⋯⋯⋯20
入侵植物⋯⋯⋯⋯⋯21
活化石⋯⋯⋯⋯⋯⋯21
共生植物⋯⋯⋯⋯⋯22
附生植物⋯⋯⋯⋯⋯22
寄生植物⋯⋯⋯⋯⋯23
真菌異營植物⋯⋯⋯23
水生植物⋯⋯⋯⋯⋯24
挺水植物⋯⋯⋯⋯⋯24
沉水植物⋯⋯⋯⋯⋯25
固著浮葉植物⋯⋯⋯25
漂浮植物⋯⋯⋯⋯⋯26
海飄植物⋯⋯⋯⋯⋯26
海漂果實⋯⋯⋯⋯⋯26
海飄種子⋯⋯⋯⋯⋯26
沙丘植物⋯⋯⋯⋯⋯27
耐鹽植物⋯⋯⋯⋯⋯27
岩生植物⋯⋯⋯⋯⋯28
多肉植物⋯⋯⋯⋯⋯28
有毒植物⋯⋯⋯⋯⋯29
先驅植物⋯⋯⋯⋯⋯29
蜜源植物⋯⋯⋯⋯⋯30
粉源植物⋯⋯⋯⋯⋯30
食草／寄主植物⋯⋯31
固氮植物⋯⋯⋯⋯⋯31
根瘤⋯⋯⋯⋯⋯⋯⋯31
一年生⋯⋯⋯⋯⋯⋯32
多年生⋯⋯⋯⋯⋯⋯32
纏勒現象⋯⋯⋯⋯⋯33
芽⋯⋯⋯⋯⋯⋯⋯⋯33
不定芽⋯⋯⋯⋯⋯⋯34
鱗芽⋯⋯⋯⋯⋯⋯⋯34
珠芽⋯⋯⋯⋯⋯⋯⋯35
吸芽／根藥⋯⋯⋯⋯35
腺／腺體⋯⋯⋯⋯⋯36
腺點⋯⋯⋯⋯⋯⋯⋯36
腺毛⋯⋯⋯⋯⋯⋯⋯36
蜜腺⋯⋯⋯⋯⋯⋯⋯36

花外蜜腺⋯⋯⋯⋯⋯36
蜜⋯⋯⋯⋯⋯⋯⋯⋯36
癭⋯⋯⋯⋯⋯⋯⋯⋯37
蟲癭⋯⋯⋯⋯⋯⋯⋯37
學名⋯⋯⋯⋯⋯⋯⋯37
俗名⋯⋯⋯⋯⋯⋯⋯37

| 根 | **38** |

根⋯⋯⋯⋯⋯⋯⋯⋯38
單子葉植物的根部構造 38
皮層⋯⋯⋯⋯⋯⋯⋯38
根毛⋯⋯⋯⋯⋯⋯⋯38
根冠⋯⋯⋯⋯⋯⋯⋯38
髓⋯⋯⋯⋯⋯⋯⋯⋯38
雙子葉植物的根部構造 39
中柱⋯⋯⋯⋯⋯⋯⋯39
根的外部構造 40
鬚根⋯⋯⋯⋯⋯⋯⋯40
主根／軸根⋯⋯⋯⋯40
支根／側根⋯⋯⋯⋯40
氣囊根⋯⋯⋯⋯⋯⋯40
儲存根⋯⋯⋯⋯⋯⋯41
肉質軸根⋯⋯⋯⋯⋯41
塊根⋯⋯⋯⋯⋯⋯⋯41
不定根⋯⋯⋯⋯⋯⋯41
菌根⋯⋯⋯⋯⋯⋯⋯42
攀緣根⋯⋯⋯⋯⋯⋯42
寄生根⋯⋯⋯⋯⋯⋯43
板根⋯⋯⋯⋯⋯⋯⋯43
氣生根⋯⋯⋯⋯⋯⋯44
同化根⋯⋯⋯⋯⋯⋯44
支持根⋯⋯⋯⋯⋯⋯45
呼吸根⋯⋯⋯⋯⋯⋯45

| 莖 | **46** |

莖⋯⋯⋯⋯⋯⋯⋯⋯46
主莖／樹幹⋯⋯⋯⋯46
枝⋯⋯⋯⋯⋯⋯⋯⋯46

節⋯⋯⋯⋯⋯⋯47
節間⋯⋯⋯⋯⋯⋯47
單子葉植物莖的剖面圖 48
木質部⋯⋯⋯⋯⋯48
韌皮部⋯⋯⋯⋯⋯48
表皮⋯⋯⋯⋯⋯⋯48
維管束⋯⋯⋯⋯⋯48
雙子葉植物莖的剖面圖 49
髓⋯⋯⋯⋯⋯⋯⋯49
皮層⋯⋯⋯⋯⋯⋯49
形成層⋯⋯⋯⋯⋯49
單子葉植物的維管束 50
雙子葉植物的維管束 50
樹皮⋯⋯⋯⋯⋯⋯51
葉痕⋯⋯⋯⋯⋯⋯52
皮孔 / 皮目⋯⋯⋯⋯52
皮刺⋯⋯⋯⋯⋯⋯53
棘刺⋯⋯⋯⋯⋯⋯53
木質⋯⋯⋯⋯⋯⋯54
草質⋯⋯⋯⋯⋯⋯54
肉質莖⋯⋯⋯⋯⋯55
捲鬚⋯⋯⋯⋯⋯⋯55
塊莖⋯⋯⋯⋯⋯⋯56
球莖⋯⋯⋯⋯⋯⋯56
鱗莖⋯⋯⋯⋯⋯⋯57
假球莖⋯⋯⋯⋯⋯57
地下莖 / 根莖 / 根狀莖⋯⋯58
葉狀枝 / 葉狀莖⋯⋯⋯58
稈⋯⋯⋯⋯⋯⋯⋯59
年輪 / 樹輪⋯⋯⋯⋯59
直立莖⋯⋯⋯⋯⋯60
斜升莖⋯⋯⋯⋯⋯60
斜倚莖⋯⋯⋯⋯⋯61
平臥莖⋯⋯⋯⋯⋯61
匍匐莖⋯⋯⋯⋯⋯62
走莖⋯⋯⋯⋯⋯⋯62
攀緣莖⋯⋯⋯⋯⋯63
纏繞莖⋯⋯⋯⋯⋯63

葉 64

葉⋯⋯⋯⋯⋯⋯⋯64
葉脈⋯⋯⋯⋯⋯⋯64
主脈 / 中肋⋯⋯⋯⋯64
側脈⋯⋯⋯⋯⋯⋯64
細脈⋯⋯⋯⋯⋯⋯64
葉身⋯⋯⋯⋯⋯⋯64
葉子先端⋯⋯⋯⋯64
葉柄⋯⋯⋯⋯⋯⋯65
葉基⋯⋯⋯⋯⋯⋯65
葉緣⋯⋯⋯⋯⋯⋯65
常綠⋯⋯⋯⋯⋯⋯66
落葉⋯⋯⋯⋯⋯⋯66
異型葉⋯⋯⋯⋯⋯67
孢子葉⋯⋯⋯⋯⋯67
營養葉⋯⋯⋯⋯⋯67
氣孔⋯⋯⋯⋯⋯⋯68
氣孔帶⋯⋯⋯⋯⋯68
三出脈⋯⋯⋯⋯⋯68
網狀脈⋯⋯⋯⋯⋯69
羽狀網脈⋯⋯⋯⋯69
掌狀網脈⋯⋯⋯⋯70
平行脈⋯⋯⋯⋯⋯70
側出平行脈 / 橫出平行脈 /
羽狀平行脈⋯⋯⋯⋯71
直出平行脈⋯⋯⋯⋯71
針形⋯⋯⋯⋯⋯⋯72
線形⋯⋯⋯⋯⋯⋯72
披針形⋯⋯⋯⋯⋯73
倒披針形⋯⋯⋯⋯73
鐮刀形⋯⋯⋯⋯⋯74
橢圓形⋯⋯⋯⋯⋯74
長橢圓形⋯⋯⋯⋯75
寬橢圓形⋯⋯⋯⋯75
卵形⋯⋯⋯⋯⋯⋯76
倒卵形⋯⋯⋯⋯⋯76
心形⋯⋯⋯⋯⋯⋯77
倒心形⋯⋯⋯⋯⋯77
盾形⋯⋯⋯⋯⋯⋯78

腎形⋯⋯⋯⋯⋯⋯78
圓形⋯⋯⋯⋯⋯⋯79
三角形⋯⋯⋯⋯⋯79
倒三角形⋯⋯⋯⋯80
菱形⋯⋯⋯⋯⋯⋯80
匙形⋯⋯⋯⋯⋯⋯81
琴狀羽裂 / 大頭羽裂⋯⋯81
提琴形⋯⋯⋯⋯⋯82
扇形⋯⋯⋯⋯⋯⋯82
箭頭形⋯⋯⋯⋯⋯83
戟形⋯⋯⋯⋯⋯⋯83
鑿形⋯⋯⋯⋯⋯⋯84
鱗片狀⋯⋯⋯⋯⋯84
抱莖⋯⋯⋯⋯⋯⋯85
耳狀抱莖⋯⋯⋯⋯85
銳尖⋯⋯⋯⋯⋯⋯86
漸尖⋯⋯⋯⋯⋯⋯86
芒尖⋯⋯⋯⋯⋯⋯86
細尖⋯⋯⋯⋯⋯⋯86
尾狀⋯⋯⋯⋯⋯⋯86
捲尾狀⋯⋯⋯⋯⋯86
具短尖的⋯⋯⋯⋯86
具小短尖的⋯⋯⋯86
驟突⋯⋯⋯⋯⋯⋯87
鈍⋯⋯⋯⋯⋯⋯⋯87
圓⋯⋯⋯⋯⋯⋯⋯87
微凹⋯⋯⋯⋯⋯⋯87
凹缺⋯⋯⋯⋯⋯⋯87
歪基⋯⋯⋯⋯⋯⋯87
楔形⋯⋯⋯⋯⋯⋯87
截形⋯⋯⋯⋯⋯⋯87
全緣⋯⋯⋯⋯⋯⋯88
鋸齒狀⋯⋯⋯⋯⋯88
細鋸齒狀⋯⋯⋯⋯89
重鋸齒⋯⋯⋯⋯⋯89
鈍齒狀 / 圓齒狀⋯⋯90
細圓齒狀⋯⋯⋯⋯90
波狀⋯⋯⋯⋯⋯⋯91
深波狀⋯⋯⋯⋯⋯91
皺波狀⋯⋯⋯⋯⋯92

齒牙狀⋯⋯⋯⋯⋯92
毛緣⋯⋯⋯⋯⋯93
裂片⋯⋯⋯⋯⋯93
二裂⋯⋯⋯⋯⋯94
三裂⋯⋯⋯⋯⋯94
多裂⋯⋯⋯⋯⋯95
全裂⋯⋯⋯⋯⋯95
掌狀裂⋯⋯⋯⋯⋯96
羽狀裂⋯⋯⋯⋯⋯96
二回羽狀裂⋯⋯⋯⋯⋯97
三回羽狀裂⋯⋯⋯⋯⋯97
單葉⋯⋯⋯⋯⋯98
複葉⋯⋯⋯⋯⋯98
小葉⋯⋯⋯⋯⋯98
單身複葉⋯⋯⋯⋯⋯99
三出複葉⋯⋯⋯⋯⋯99
掌狀複葉⋯⋯⋯⋯⋯100
羽狀複葉⋯⋯⋯⋯⋯100
奇數羽狀複葉⋯⋯⋯⋯⋯101
偶數羽狀複葉⋯⋯⋯⋯⋯101
一回羽狀複葉⋯⋯⋯⋯⋯102
二回羽狀複葉⋯⋯⋯⋯⋯102
多回羽狀複葉⋯⋯⋯⋯⋯103
莖穿葉的⋯⋯⋯⋯⋯103
葉序⋯⋯⋯⋯⋯104
互生⋯⋯⋯⋯⋯105
對生⋯⋯⋯⋯⋯105
十字對生⋯⋯⋯⋯⋯106
輪生⋯⋯⋯⋯⋯106
叢生⋯⋯⋯⋯⋯107
蓮座狀⋯⋯⋯⋯⋯107
莖生葉⋯⋯⋯⋯⋯108
基生葉⋯⋯⋯⋯⋯108
葉鞘⋯⋯⋯⋯⋯109
托葉⋯⋯⋯⋯⋯109

花 **110**

花⋯⋯⋯⋯⋯110
花托⋯⋯⋯⋯⋯110
花冠⋯⋯⋯⋯⋯110
胚珠⋯⋯⋯⋯⋯110
雄器⋯⋯⋯⋯⋯110
雌器⋯⋯⋯⋯⋯110
花梗⋯⋯⋯⋯⋯110
花瓣⋯⋯⋯⋯⋯110
花萼⋯⋯⋯⋯⋯111
萼片⋯⋯⋯⋯⋯111
花藥⋯⋯⋯⋯⋯111
柱頭⋯⋯⋯⋯⋯111
花柱⋯⋯⋯⋯⋯111
子房⋯⋯⋯⋯⋯111
花絲⋯⋯⋯⋯⋯111
雄蕊⋯⋯⋯⋯⋯111
雌蕊⋯⋯⋯⋯⋯111
完全花⋯⋯⋯⋯⋯112
不完全花⋯⋯⋯⋯⋯112
雄花⋯⋯⋯⋯⋯112
雌花⋯⋯⋯⋯⋯112
單性花⋯⋯⋯⋯⋯113
兩性花⋯⋯⋯⋯⋯113
雜性花⋯⋯⋯⋯⋯114
無性花 / 中性花 / 不育花 /
不孕花⋯⋯⋯⋯⋯114
雌雄同株⋯⋯⋯⋯⋯115
雌雄異株⋯⋯⋯⋯⋯115
輻射對稱花 / 整齊花⋯⋯116
兩側對稱花 / 不整齊花⋯116
花被片⋯⋯⋯⋯⋯117
離瓣花⋯⋯⋯⋯⋯117
十字形⋯⋯⋯⋯⋯118
蝶形⋯⋯⋯⋯⋯118
旗瓣⋯⋯⋯⋯⋯118
龍骨瓣⋯⋯⋯⋯⋯118
翼瓣⋯⋯⋯⋯⋯118
合瓣花⋯⋯⋯⋯⋯119
管狀 / 筒狀⋯⋯⋯⋯⋯119
壺狀⋯⋯⋯⋯⋯120
高杯狀⋯⋯⋯⋯⋯120
鐘狀⋯⋯⋯⋯⋯121
輪狀⋯⋯⋯⋯⋯121
花冠筒⋯⋯⋯⋯⋯121
花冠裂片⋯⋯⋯⋯⋯121
唇形⋯⋯⋯⋯⋯122
漏斗狀⋯⋯⋯⋯⋯122
蘭花⋯⋯⋯⋯⋯123
蕊柱⋯⋯⋯⋯⋯123
唇瓣⋯⋯⋯⋯⋯123
小穗⋯⋯⋯⋯⋯123
小花⋯⋯⋯⋯⋯123
小穗軸⋯⋯⋯⋯⋯123
外穎⋯⋯⋯⋯⋯123
內穎⋯⋯⋯⋯⋯123
基盤⋯⋯⋯⋯⋯123
小穗柄⋯⋯⋯⋯⋯123
內稃⋯⋯⋯⋯⋯123
外稃⋯⋯⋯⋯⋯123
鱗被⋯⋯⋯⋯⋯123
芒⋯⋯⋯⋯⋯123
副花冠⋯⋯⋯⋯⋯124
距⋯⋯⋯⋯⋯124
蜜源標記 / 蜜源導引⋯⋯125
花托筒 / 托杯⋯⋯⋯⋯⋯125
心皮⋯⋯⋯⋯⋯126
子房⋯⋯⋯⋯⋯128
上位花⋯⋯⋯⋯⋯130
下位花⋯⋯⋯⋯⋯130
周位花⋯⋯⋯⋯⋯131
邊緣胎座⋯⋯⋯⋯⋯131
中軸胎座⋯⋯⋯⋯⋯132
側膜胎座⋯⋯⋯⋯⋯132
獨立中央胎座⋯⋯⋯⋯⋯133
基生胎座⋯⋯⋯⋯⋯133
離生雄蕊⋯⋯⋯⋯⋯134
單體雄蕊⋯⋯⋯⋯⋯134
二體雄蕊⋯⋯⋯⋯⋯135
多體雄蕊⋯⋯⋯⋯⋯135
二強雄蕊⋯⋯⋯⋯⋯136
四強雄蕊⋯⋯⋯⋯⋯136
聚藥雄蕊⋯⋯⋯⋯⋯137

基著葯⋯⋯⋯⋯⋯137
背著葯⋯⋯⋯⋯⋯138
丁字著葯⋯⋯⋯⋯138
縱裂⋯⋯⋯⋯⋯⋯139
橫裂⋯⋯⋯⋯⋯⋯139
孔裂⋯⋯⋯⋯⋯⋯140
瓣裂⋯⋯⋯⋯⋯⋯140
花粉⋯⋯⋯⋯⋯⋯141
花粉塊⋯⋯⋯⋯⋯141
花葶⋯⋯⋯⋯⋯⋯141
苞片⋯⋯⋯⋯⋯⋯142
小苞片⋯⋯⋯⋯⋯142
總苞⋯⋯⋯⋯⋯⋯142
總苞片⋯⋯⋯⋯⋯142
副萼⋯⋯⋯⋯⋯⋯142
頂生⋯⋯⋯⋯⋯⋯143
腋生⋯⋯⋯⋯⋯⋯143
葉腋⋯⋯⋯⋯⋯⋯143
小花⋯⋯⋯⋯⋯⋯144
舌狀花⋯⋯⋯⋯⋯144
花序⋯⋯⋯⋯⋯⋯144
花序軸⋯⋯⋯⋯⋯144
花序梗⋯⋯⋯⋯⋯144
無限花序⋯⋯⋯⋯145
有限花序⋯⋯⋯⋯145
總狀花序⋯⋯⋯⋯146
圓錐花序⋯⋯⋯⋯146
穗狀花序⋯⋯⋯⋯147
柔荑花序⋯⋯⋯⋯147
佛焰花序 / 肉穗花序⋯⋯148
繖房花序⋯⋯⋯⋯148
繖形花序⋯⋯⋯⋯149
複繖形花序⋯⋯⋯149
頭狀花序⋯⋯⋯⋯150
隱頭花序⋯⋯⋯⋯150
聚繖花序⋯⋯⋯⋯151
複聚繖花序⋯⋯⋯151
大戟花序 / 杯狀聚繖花序⋯
⋯⋯⋯⋯⋯⋯⋯152
蠍尾狀花序⋯⋯⋯152

單頂花序 / 單生花⋯⋯⋯153
簇生花序⋯⋯⋯⋯153
孢子葉球 / 毬花 / 孢子囊穗
⋯⋯⋯⋯⋯⋯⋯154
幹生花⋯⋯⋯⋯⋯154

果　　　　155

果實⋯⋯⋯⋯⋯⋯155
果皮⋯⋯⋯⋯⋯⋯155
種子⋯⋯⋯⋯⋯⋯155
真果⋯⋯⋯⋯⋯⋯156
假果⋯⋯⋯⋯⋯⋯156
單果⋯⋯⋯⋯⋯⋯157
乾果⋯⋯⋯⋯⋯⋯157
裂果⋯⋯⋯⋯⋯⋯157
閉果⋯⋯⋯⋯⋯⋯157
蓇葖果⋯⋯⋯⋯⋯158
蓋果 / 蓋裂蒴果⋯⋯158
長角果⋯⋯⋯⋯⋯159
短角果⋯⋯⋯⋯⋯159
莢葖果⋯⋯⋯⋯⋯160
莢果⋯⋯⋯⋯⋯⋯160
翅果⋯⋯⋯⋯⋯⋯161
堅果⋯⋯⋯⋯⋯⋯161
小堅果⋯⋯⋯⋯⋯161
穎果⋯⋯⋯⋯⋯⋯162
胞果 / 囊果⋯⋯⋯162
離果⋯⋯⋯⋯⋯⋯163
瘦果⋯⋯⋯⋯⋯⋯163
冠毛⋯⋯⋯⋯⋯⋯163
肉果⋯⋯⋯⋯⋯⋯164
漿果⋯⋯⋯⋯⋯⋯164
柑果⋯⋯⋯⋯⋯⋯165
果壁⋯⋯⋯⋯⋯⋯165
汁囊⋯⋯⋯⋯⋯⋯165
瓜果 / 瓠果⋯⋯⋯165
核果⋯⋯⋯⋯⋯⋯166
仁果 / 梨果⋯⋯⋯166
聚合果 / 集生果⋯⋯167

聚花果 / 多花果⋯⋯167
隱花果 / 隱頭果⋯⋯168
毬果⋯⋯⋯⋯⋯⋯168
殼斗⋯⋯⋯⋯⋯⋯169
果托 / 種托⋯⋯⋯169

籽　　　　170

單子葉⋯⋯⋯⋯⋯170
種皮⋯⋯⋯⋯⋯⋯170
胚乳⋯⋯⋯⋯⋯⋯170
盾片 / 胚盤⋯⋯⋯170
芽鞘⋯⋯⋯⋯⋯⋯170
胚芽⋯⋯⋯⋯⋯⋯170
根鞘⋯⋯⋯⋯⋯⋯170
雙子葉⋯⋯⋯⋯⋯171
胚芽⋯⋯⋯⋯⋯⋯171
下胚軸⋯⋯⋯⋯⋯171
胚根⋯⋯⋯⋯⋯⋯171
子葉⋯⋯⋯⋯⋯⋯171
種臍⋯⋯⋯⋯⋯⋯172
假種皮⋯⋯⋯⋯⋯172
種髮⋯⋯⋯⋯⋯⋯173
具翅種子⋯⋯⋯⋯173

名詞中文索引
(依筆畫)　　174

名詞英文索引
(A到Z)　　179

收錄植物中文索引
(依筆畫)　　187

收錄植物學名索引
(A到Z)　　195

5

以圖解詞，認識台灣植物的最佳工具書

　　台灣地處歐亞大陸與太平洋的交界，在此亞熱帶的蕞爾小島高山林立，垂直縱深幾達4,000公尺，形成熱、暖、溫、寒不同的氣候帶，孕育維管束植物多達4,000餘種，物種與生態多樣性非常高，堪稱地球上重要的生物資源庫。

　　台灣的植物愛好者眾，國人對於植物辨識有廣泛的興趣，坊間介紹植物的書籍也很多，但對於植物分類術語的解說往往欠缺。有鑑於此，本圖典依序以植物的根、莖、葉、花、果實、種子六大器官為編輯主軸，以台灣生活常見或具有特色的本土植物為例，「以圖解詞」的方式淺顯易懂地說明植物形態術語，期能滿足植物、園藝、森林、農藝等相關學科師生及植物愛好人士的需求。

　　本圖典共收錄486植物學常用的中英對照專業術語，千餘張精彩生態照片，力求呈現台灣本土植物之多樣性與獨特性。本圖典從植物形態學及分類學的角度出發，可做為台灣本土植物自導式觀察比對學習的工具書。

　　本書得以順利付梓，首先感謝國科會「數位典藏創意加值計畫」與貓頭鷹出版社的大力支持；責任編輯陳妍妏、李季鴻對本書品質的要求與孜孜矻矻的敬業精神令人敬佩；感謝嘉利博資訊有限公司張傳英、黃翠瑾等協作素材拍攝、精美繪圖與資料整理；中央研究院公共事務組梁啟銘主任與陳美菁費心多方協調。本書圖片除了作者親自拍攝之外，歷任助理古訓銘、楊智凱、黃建益、胡嘉穎、翁茂倫、趙建棣、謝東佑、陳觀斌、楊巽安、吳俊奇、蕭慧君、陳奐宇、郭信厚、賴易秀、許文宗、陳建志及學界好友鍾國芳、蕭淑娟、楊嘉棟、簡萬能、顏江河、蘇鴻傑、郭城孟、楊勝任、陳子英、曾彥學、胡維新、陳逸忠、伍淑惠、陳柏璋等提供許多精彩照片與建議；胡嘉穎在出版前不辭辛勞，不眠不休協力編輯校稿，特致由衷謝忱。

　　本書雖經多次校對，然而倉促附梓，誤漏在所難免，敬祈學者專家先進前輩不吝賜教指正。

彭鏡毅（1950 ～ 2018）

中興大學植物系及台灣大學植物研究所畢，美國密蘇理州華盛頓大學生物系博士，曾任國立自然科學博物館學術副館長兼代理館長、中央研究院生物多樣性研究中心研究員兼中央研究院生物多樣性研究中心博物館館長。

如何使用本書

　　為方便讀者快速檢索，本書提供五種查詢方式。如果你知道中文名，可以從**目次（P.2）**或**中文索引（P.174）**查到該名詞所在頁數與內容；若知道的是英文名，則可從**英文索引（P.179）**查到其對應的中文名和該名詞頁數與內容。如果你已知植物的中文名，想知道其代表哪個植物形態術語，可從**收錄植物中文索引（P.187）**中查到其在本書中的頁數；若已知植物的學名，則可從**收錄植物學名索引（P.195）**中查到其在本書中的頁數。

內頁編排說明

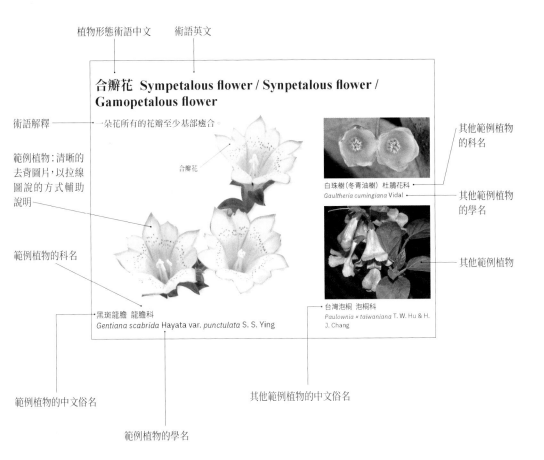

植物形態術語中文　術語英文

合瓣花 Sympetalous flower / Synpetalous flower / Gamopetalous flower

術語解釋　一朵花所有的花瓣至少基部癒合。

範例植物：清晰的去背圖片，以拉線圖說的方式輔助說明

合瓣花

其他範例植物的科名

白珠樹(冬青油樹) 杜鵑花科
Gaultheria cumingiana Vidal

其他範例植物的學名

其他範例植物

範例植物的科名

台灣泡桐 泡桐科
Paulownia ×taiwaniana T. W. Hu & H. J. Chang

其他範例植物的中文俗名

黑斑龍膽 龍膽科
Gentiana scabrida Hayata var. *punctulata* S. S. Ying

範例植物的中文俗名

範例植物的學名

苔蘚植物　Bryophyte

苔蘚植物是最早的陸生植物，包括「苔類」、「蘚類」和「角蘚類」。由於不具維管束構造，所以大多體型矮小、纖細。有假根而沒有根，生活在陰濕的環境。

孢子體

配子體

蘚類：蛇蘚　蛇蘚科
Conocephalum conicum (L.) Dum.

角蘚類：東亞大角蘚　樹角蘚科
Megaceros flagellaris (Mitt.) Steph.

苔類：細葉真苔　真苔科
Bryum capillare L. *ex* Hedw.

配子體　Gametophyte

植物生活史中的單倍體，對於苔蘚植物而言，配子體極度發達，孢子體寄生於配子體上，而從蕨類植物開始，配子體開始退化，裸子植物雌配子體僅剩藏卵器，到被子植物時，植物的配子體已退化為七細胞八核的簡單結構。

孢子體 Sporophyte

為生物生活史世代交替中的一個時期，此時期的生物體可以產生孢子。

孢子體

配子體

扇羽陰地蕨　瓶爾小草科
Botrychium lunaria (L.) Sw.

1mm

台灣車前蕨　鳳尾蕨科
Antrophyum formosanum Hieron.

姬書帶蕨　鳳尾蕨科
Haplopteris anguste-elongata
(Hayata) E. H. Crane

維管束植物 Vascular plant / Tracheophyte

具「維管束」的植物之統稱，包括蕨類、裸子及被子植物。維管束是由木質部和韌皮部成束狀排列的結構，連通根、莖、葉構成維管系統，可輸導水分、無機鹽和有機養料等，也有支持植物體的作用。

蕨類植物

阿里山水龍骨　水龍骨科
Polypodium amoenum Wall. *ex* Mett.

維管束　Vascular bundle　　　莖橫切面

菊花木　豆科
Bauhinia championii (Benth.) Benth.

裸子植物

大葉羅漢松　羅漢松科
Podocarpus macrophyllum (Thunb.) Sweet

擬蕨類　Fern allies

指相對於真蕨類 (monilophytes) 的其他不產生種子的維管束植物。，葉片通常為小型葉，僅具一條中肋或無葉脈；孢子囊著生於葉腋，或聚成孢子囊穗。在台灣有石松科、卷柏科、水韭科、木賊科、松葉蕨科。

小型葉　Microphyll
僅具單一不分支之葉脈的葉子。

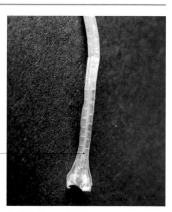

台灣水韭　水韭科
Isoetes taiwanensis DeVol

木賊　木賊科
Equisetum ramosissimum Desf.

松葉蕨　松葉蕨科
Psilotum nudum (L.) Beauv.

9

蕨類植物 Pteridophyte

蕨類植物屬於多年生草本植物，是最古老的維管束植物。介於苔蘚植物和種子植物之間的孢子植物，不生產果實和種子，靠著孢子囊內的孢子來繁衍後代，在其一生的世代交替中，孢子體和配子體分別獨立生活。

孢子囊群 Sorus

集生在一起的一群孢子囊。孢子囊群之形狀、排列方式、著生位置以及有無孢膜等特徵為蕨類植物的重要分類依據。

崖薑蕨 水龍骨科
Pseudodrynaria coronans (Wall. *ex* Mett.) Ching

反捲葉石松 石松科
Lycopodium quasipolytrichoides Hayata

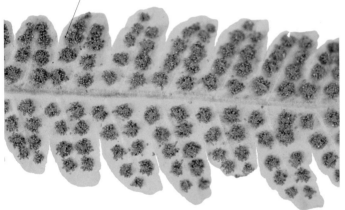

野毛蕨 金星蕨科
Cyclosorus dentatus (Forssk.) Ching

孢膜 Indusium / Indusia

孢子囊群外側特化之保護構造，其外形及著生方式隨分類群而異。

蓬萊蹄蓋蕨 蹄蓋蕨科
Athyrium nigripes (Blume) T. Moore

假孢膜
Pseudo-indusium / False indusium

孢子囊群外側之保護構造，由葉緣反捲所形成，而非特化之組織。

鈴木氏鳳尾蕨 鳳尾蕨科
Pteris tokioi Masam.

真蕨類 Fern / True fern

具大型葉，葉脈多數、分叉；孢子囊著生於葉背或葉緣，常形成孢子囊群。

蕨葉 Frond

蕨類的葉特稱為蕨葉。

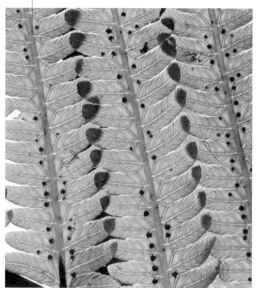

台灣毛蕨（台灣圓腺蕨）金星蕨科
Cyclosorus taiwanensis (C. Chr.) H. Ito

烏毛蕨 烏毛蕨科
Blechnum orientale L.

孢子囊成熟開裂，露出孢子。

孢子 Spore

有些細菌、真菌、藻類和非開花植物會產生具有繁殖能力，通常微小的單細胞，在惡劣的環境中可休眠，並在有利條件下發育成新個體。生物通過無性生殖產生的孢子叫「無性孢子」；反之，通過有性繁殖產生的孢子稱為「有性孢子」。

孢子囊 Sporangium

植物或真菌製造並容納孢子的組織。孢子囊會出現在被子植物、裸子植物、蕨類植物、苔蘚植物、藻類和真菌等生物。

5/31/2011 5:07:04 PM | HV 20.00 kV | mag 1 000 x | WD 9.7 mm | det ETD | spot 3.0 | 100 µm Quanta

裸子植物 Gymnosperm

裸子植物的最大特徵是胚珠裸露在外面，種子通常長在由鱗片組成的毬果內，葉多為針狀或鱗片狀。

台灣扁柏 柏科
Chamaecyparis taiwanensis Masam.
& Suzuki

種子裸露

台灣油杉 松科
Keteleeria davidiana (Franchet)
Beissner var. *formosana* Hayata

蘇鐵 蘇鐵科
Cycas revoluta Thunb.

被子植物 Angiosperm

被子植物是最晚出現的植物，它的根、莖、葉發展完善，可以適應各種環境，有真正的花，胚珠包裹在子房內，種子由果實保護，不會裸露在外。

台灣檫樹 樟科
Sassafras randaiense (Hayata)
Rehder

子房

大葉山欖（台灣膠木） 山欖科
Palaquium formosanum Hayata

鹿谷秋海棠 秋海棠科
Begonia lukuana Y. C. Liu & C. H. Ou

單子葉植物 Monocotyledon / Monocot

植物種子的胚具一枚子葉，通常葉脈為平行，花瓣為 3 的倍數，這類植物為單子葉植物。

鈴木氏油點草 百合科
Tricyrtis suzukii Masam.

小杜若 鴨跖草科
Pollia miranda (H. Lev.) H. Hara

玉蜀黍（玉米）禾本科
Zea mays L.

雙子葉植物 Dicotyledon / Dicot

植物種子的胚具二枚子葉，通常葉脈為網狀，花瓣為 4 或 5 的倍數，這類植物為雙子葉植物。

玉山舖地蜈蚣 薔薇科
Cotoneaster morrisonensis Hayata

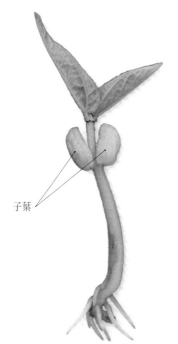

子葉

綠豆 豆科
Vicia radiatus L.

坪林秋海棠 秋海棠科
Begonia pinglinensis C. I Peng

13

木本植物 Woody plant

莖部有形成層，會產生次級木質部的植物；常為多年生的喬木、灌木或木質藤本。

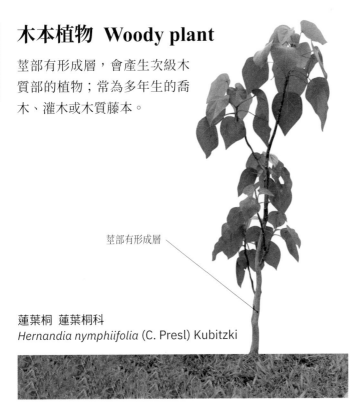

莖部有形成層

蓮葉桐 蓮葉桐科
Hernandia nymphiifolia (C. Presl) Kubitzki

香椿 楝科
Toona sinensis (A.Jussieu) M.Roemer

黃杉 松科
Pseudotsuga sinensis Dode

草本植物 Herbaceous plant / Herb

莖部沒有形成層的植物。

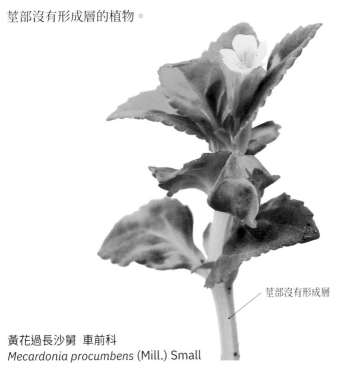

莖部沒有形成層

黃花過長沙舅 車前科
Mecardonia procumbens (Mill.) Small

台灣草莓 薔薇科
Fragaria hayatae Makine

柔毛樓梯草 蕁麻科
Elatostema villosum B. L. Shih & Yuen P. Yang

木質草本 Woody herb

莖下部多少會木質化的多年生草本植物。

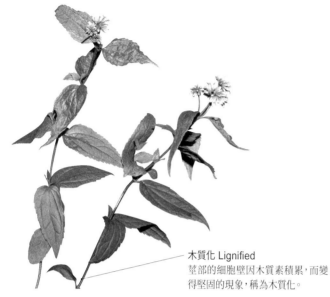

木質化 Lignified
莖部的細胞壁因木質素積累,而變得堅固的現象,稱為木質化。

基隆澤蘭 菊科
Eupatorium kiirunense (Kitam.) C. H. Ou & S. W. Chung

右骨消 五福花科
Sambucus chinensis Lindl.

雞屎藤 茜草科
Paederia foetida L.

喬木 Tree

多年生高大的木本植物,具有明顯主幹。

樟樹 樟科
Cinnamomum camphora (L.) J. Presl

楝(苦楝) 楝科
Melia azedarach L.

茄冬 葉下珠科
Bischofia javanica Blume

15

灌木 Shrub

多年生的木本植物，多分枝無明顯主幹，一般較喬木矮小。

烏來杜鵑 杜鵑花科
Rhododendron kanehirae E. H. Wilson

呂宋莢蒾 五福花科
Viburnum luzonicum Rolfe

蘄艾 菊科
Crossostephium chinense (L.) Makino

藤本植物 Vine

莖細長且不能自我支撐的植物。因其依附狀態，又分為蔓性、攀緣與纏繞植物。

無根草 樟科
Cassytha filiformis L.

台北肺形草 龍膽科
Tripterospermum alutaceifolium (T. S. Liu & Chiu C. Kuo) J.
Murata

黑果馬㼎兒 葫蘆科
Zehneria mucronata (Bl.) Miq.

木質藤本 Liana

具木質莖的攀緣性或纏繞藤本。

絡石 夾竹桃科
Trachelospermum jasminoides (Lindl.) Lemaire

血藤 豆科
Mucuna macrocarpa Wall.

耳葉菝葜 菝葜科
Smilax ocreata A. DC.

攀緣植物
Climber / Climbing plant / Scandent plant

常藉由捲鬚、鉤刺、纏繞莖、攀緣根、吸盤或其他特化的攀附器官攀附他物生長的植物。

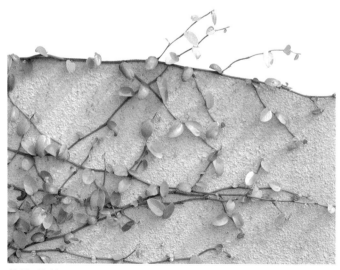

印度鞭藤（蘆竹藤、角仔藤）鞭藤科
Flagellaria indica L.

薜荔 桑科
Ficus pumila L.

台灣黃藤 棕櫚科
Calamus formosanus Becc.

纏繞植物　Twiner / Twining plant

纏繞植物的莖呈螺旋狀纏繞他物而攀附生長，纏繞植物為攀緣植物之一類。

西番蓮（百香果）西番蓮科
Passiflora edulis Sims.

玉山肺形草（披針葉肺形草）龍膽科
Tripterospermum lanceolatum (Hayata) H. Hara *ex* Satake

平原菟絲子　旋花科
Cuscuta campestris Yunck.

蔓性植物　Trailing plant

莖平臥匍匐生長的植物。

厚葉牽牛　旋花科
Ipomoea imperati (Vahl) Griseb.

蔓蟲豆　豆科
Cajanus scarabaeoides (L.) du Petit-Thouars

濱旋花　旋花科
Calystegia soldanella (L.) R. Br.

原生植物 Native plant / Indigenous plant

在一定地區自然生長，而非人為栽種或由外地引進的植物。

烏心石 木蘭科
Michelia compressa (Maxim.) Sargent var. *formosana* Kaneh.

相思樹 豆科
Acacia confusa Merr.

九芎 千屈菜科
Lagerstroemia subcostata Koehne

特有植物 Endemic plant

僅見於某一地區或國家自然分布之植物，稱為該地之特有植物。例如南湖大山柳葉菜或台灣欒樹等皆為台灣特有植物。

台灣胡麻花 黑藥花科
Heloniopsis umbellata Baker

台灣三角楓 無患子科
Acer albopurpurascens Hayata var. *formosanum* (Hayata *ex* Koidz.) C. Y. Tzeng & S. F. Huang

玉山佛甲草 景天科
Sedum morrisonense Hayata

外來植物 Alien plant / Exotic plant

當地非原生的植物。究其來源，可能是人為刻意引入（稱引進植物 Introduced plant），也可能是其繁殖體無意間被人類攜入。就其生存現況而言，則可分為需經人類栽培種植的農園藝植物，或已在野外自行繁殖散播的歸化植物。

孟宗竹（毛竹） 禾本科
Phyllostachys pubescens Mazel *ex* H. de Leh.

引進植物 Introduced plant

人類為了食用、觀賞、工業或其他用途而由外地引種栽培的植物。

緬梔（雞蛋花） 夾竹桃科
Plumeria rubra L. 'Acutifolia'

紫藤 豆科
Wisteria sinensis (Sims) Sweet

歸化植物 Naturalized plant

可以適應當地環境、成功存活並自行繁衍後代的外來植物；依其對生態的影響，可區分為入侵植物與非入侵植物。

天人菊 菊科
Gaillardia pulchella Foug.

非入侵植物
Noninvasive plant

油桐（千年桐） 大戟科
Vernicia montana Lour.

小葉冷水麻 蕁麻科
Pilea microphylla (L.) Liebm.

入侵植物 Invasive plant

對本地原生物種或生態造成威脅的外來植物。

紫花藿香薊 菊科
Ageratum houstonianum Mill.

小花蔓澤蘭 菊科
Mikania micrantha Kunth

瑪瑙珠（黃果龍葵） 茄科
Solanum diphyllum L.

活化石 Living Fossil

現生生物歷經長時間的演化，但在形態上的改變不多，且有同一類群的化石出土，這類生物我們稱之為活化石。

台灣水韭 水韭科
Isoetes taiwanensis DeVol

昆欄樹(雲葉) 昆欄樹科
Trochodendron aralioides Siebold &
Zucc.

銀杏 銀杏科
Ginkgo biloba L.

21

共生植物　Symbiotic plant

植物和其他生物的共生關係可分為以下三類：互利共生（雙方有利）、片利共生（一方有利一方無害）、以及寄生（一方有利一方有害）。

管唇蘭　蘭科（與蘭菌共生）
Tuberolabium kotoense Yamam.

台灣奴草　奴草科（寄生於殼斗科植物根部）
Mitrastemon kawasakii Hayata

台灣魚藤　豆科（與根瘤菌共生）
Millettia pachycarpa Benth.

附生植物　Epiphyte / Epiphytic plant

附著在岩石、枯木或他種植物活體上生長，但不依賴附著對象供給營養的植物。

被附生的樹幹

附生植物

伏石蕨（抱樹蕨）水龍骨科
Lemmaphyllum microphyllum C. Presl

柚葉藤　天南星科
Pothos chinensis (Raf.) Merr.

蠟著頦蘭　蘭科
Epigeneium nakaharaei (schltr.) Summerh.

寄生植物 Parasitic plant

著生在他種植物活體上生長，以特化的根器吸收著生對象
養分，以供自己全部或部分營養需求的植物。

野菰 列當科
Aeginetia indica L.

高氏桑寄生 桑寄生科
Loranthus kaoi (J. M. Chao)
H. S. Kiu

筆頭蛇菰 蛇菰科
Balanophora harlandii J. D. Hooker

真菌異營植物 Myco-heterophyte

寄生於真菌的菌絲上，藉由菌絲吸收營養者。

錫杖花 杜鵑花科
Monotropa hypopithys L.

水晶蘭 杜鵑花科
Cheilotheca humilis (D. Don) H. Keng

小囊山珊瑚 蘭科
Galeola falconeri Hook. f.

水生植物 Aquatic plant

水生植物是指自然情況下，生長在水中或是潮濕土壤上的植物，又分為挺水植物、沉水植物、固著浮葉植物以及漂浮植物四大類。

水禾 禾本科
Hygroryza aristata (Retz) Nees *ex* Wight & Arn.

台灣萍蓬草 睡蓮科
Nuphar shimadae Hayata

布袋蓮（鳳眼蓮、浮水蓮花）雨久花科
Eichhornia crassipes (Mart.) Solms

挺水植物 Emergent anchored plant

根部固著生長在水底土層中，而莖、葉和花都挺舉伸出水面的水生植物。

粉綠狐尾藻（水聚藻）小二仙草科
Myriophyllum aquaticum (Vell.) Verdc.

鴨舌草 雨久花科
Monochoria vaginalis (Burm. f.) C. Presl

水金英 黃花藺科
Hydrocleys nymphoides (Willd.) Buchenau

沉水植物 Submerged plant

植株長期沉於水中生活的植物，大多數於開花期時花序或花會伸出水面。

台灣簀藻 水鱉科
Blyxa echinosperma (C. B. Clarke) Hook. f.

水蘊草 水鱉科
Egeria densa Planch.

馬藻 眼子菜科
Potamogeton crispus L.

固著浮葉植物 Floating-leaved anchored plant

根部固著生長在水底土層中，葉柄細長，葉片自然浮貼於水面上的水生植物。

小莕菜 睡菜科
Nymphoides coreana (H. Lév.) H. Hara

藍睡蓮 睡蓮科
Nymphaea nouchali N. C. Burmann

印度莕菜 睡菜科
Nymphoides indica (L.) Kuntze

漂浮植物 Floating plant

根部並不固著，全株漂浮或平貼在水面，葉下常有膨大的氣囊，可隨水流自由漂移的水生植物。

菱 千屈菜科
Trapa bispinosa Roxb. var. *iinumai* Nakano

大萍 天南星科
Pistia stratiotes L.

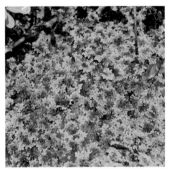

滿江紅 滿江紅科
Azolla pinnata R. Br.

海漂植物 Plant with drift disseminules

果實、種子或其他繁殖體能耐受鹽水浸泡，漂浮於海中，隨洋流散布各地的植物。

種子切面：有氣室，因此能漂浮。

**海漂果實
Drift fruit**

**海漂種子
Drift seed**

棋盤腳樹 玉蕊科
Barringtonia asiatica (L.) Kurz

大血藤 豆科
Mucuna gigantea (Willd.) DC. subsp. *tashiroi* (Hayata) Ohashi & Tateishi

可可椰子 棕櫚科
Cocos nucifera L.

沙丘植物 Sand dune plant

能在濱海沙丘高鹽度、高溫、強風及乾燥的環境中生存的
植物。

小海米 莎草科
Carex pumila Thunb.

馬鞍藤 旋花科
Ipomoea pes-caprae (L.) R. Br. subsp.
brasiliensis (L.) Oostst.

濱防風 繖形科
Glehnia littoralis F. Schmidt *ex* Miq.

耐鹽植物 Saline-tolerant plant

具有特殊生理機制或構造，能在高鹽度環境生存且適應良好的植物。

苦林盤 唇形科
Clerodendrum inerme (L.) Gaertn.

海埔姜 唇形科
Vitex rotundifolia L. f.

草海桐 草海桐科
Scaevola sericea Forst. f. *ex* Vahl

岩生植物 Lithophyte

能在岩石表面或縫隙生長的植物，可耐乾旱的環境，常仰賴雨水中、枯落物，以及它們自身的枯萎組織等來獲取養分。

玉山卷耳 石竹科
Cerastium trigynum Vill. var. *morrisonense* (Hayata) Hayata

禿玉山蠅子草 石竹科
Silene morrison-montana (Hayata) Ohwi & H. Ohashi var. *glabella* (Ohwi) Ohwi & H. Ohashi

台灣山薺 十字花科
Draba sekiyana Ohwi

多肉植物 Succulent plant

營養器官的某部份，如莖、葉或根具有發達的薄壁組織以利儲存水份，形態上顯得肥厚多汁的植物，通常生長於乾旱缺水的環境，但也有例外。

蘭嶼秋海棠 秋海棠科
Begonia fenicis Merr.

縞馬 夾竹桃科
Huernia zebrina N. E. Br.

沙生馬齒莧（東沙馬齒莧）馬齒莧科
Portulaca psammontropha Hance

有毒植物 Poisonous plant

植物體全株或部分構造含有對其他生物具有毒性的物質，稱為有毒植物。

珊瑚珠 商陸科
Rivina humilis L.

全株有毒 ▶

台灣馬醉木 杜鵑花科
Pieris taiwanensis Hayata

海檬果 夾竹桃科
Cerbera manghas L.

先驅植物 Pioneer plant

在荒地或新裸露地能夠率先建立族群，固著地表土壤的植物。

白匏子 大戟科
Mallotus paniculatus (Lam.) Müll. Arg.

台灣二葉松 松科
Pinus taiwanensis Hayata

台灣華山松 松科(新生的幼苗)
Pinus armandii Franch. var. *masteriana* Hayata

29

蜜源植物　Nectar plant

植物的花能提供花蜜等分泌物，為蜜蜂、蝴蝶等昆蟲吸食。

馬櫻丹　馬鞭草科
Lantana camara L.

金露花　馬鞭草科
Duranta erecta L.

馬利筋（尖尾鳳）　夾竹桃科
Asclepias curassavica L.

粉源植物　Pollen plant

植物的花能提供大量花粉，被蜜蜂、蝴蝶等昆蟲採集的植物。

洋落葵　落葵科
Anredera cordifolia (Tenore) van
Steenis

台灣欒樹（苦苓舅）　無患子科
Koelreuteria henryi Dummer

油菜　十字花科
Brassica napus L.

食草 / 寄主植物 Host plant

提供其他生物賴以為生的植物，通常指蝴蝶及蛾類等節肢動物的幼蟲食用者。

大花桑寄生 桑寄生科（圖中幼蟲為白艷粉蝶）
Scurrula lonicerifolia (Hayata) Danser

捲斗櫟 殼斗科（圖中幼蟲為南方波紋小灰蝶）
Quercus pachyloma Seemen

朴樹(沙朴) 大麻科（圖中幼蟲為紅斑脈蛺蝶）
Celtis sinensis Pers.

固氮植物 Nitrogen fixing plant

透過與細菌共生，將空氣中的氮氣通過生物化學過程轉化為含氮化合物的植物；例如某些豆科植物可與根瘤菌共生固氮。

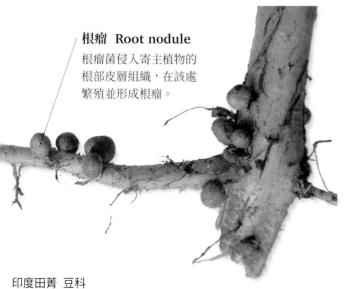

根瘤 Root nodule
根瘤菌侵入寄主植物的根部皮層組織，在該處繁殖並形成根瘤。

印度田菁 豆科
Sesbania sesban (L.) Merr.

印度田菁 豆科
Sesbania sesban (L.) Merr.

一年生 Annual

一年期間內發芽、生長、開花然後死亡的植物。此類植物皆為草本，因此又常稱為一年生草本（植物）。

台灣筷子芥　十字花科
Arabis formosana (Masam. *ex* S. F. Huang) T. S. Liu & S. S. Ying

齒葉矮冷水麻　蕁麻科
Pilea peploides (Gaudich.) Hook. & Arn. var. *major* Wedd.

台灣山薺　十字花科
Draba sekiyana Ohwi

多年生 Perennial

壽命超過兩年的植物。由於木本植物皆為多年生，本詞通常僅指多年生的草本植物，又稱多年生草本（植物）。

阿里山落新婦（大花落新婦）　虎耳草科
Astilbe macroflora Hayata

毛藥捲瓣蘭（溪頭捲瓣蘭）　蘭科
Bulbophyllum omerandrum Hayata

鐵線蕨葉人字果　毛茛科
Dichocarpum adiantifolium (Hook. f. & Thomson) W. T. Wang & P. K. Hsiao

纏勒現象　Strangler

此一現象常見於桑科榕屬（Ficus L.）植物，其果實被鳥類取食後，種子隨糞便掉落於其他木本植物之植物體上，發芽後其根系逐漸包圍該植物，枝幹亦影響該植物之生長，經過數年後被包圍的對象死去而由其取代，呈中空的景觀。

榕樹（正榕）桑科（榕樹纏茄冬）
Ficus microcarpa L. f.

白榕（垂榕）桑科
Ficus benjamina L.

雀榕（山榕）桑科（雀榕纏榕樹）
Ficus subpisocarpa Gagnep.

芽　Bud

尚未充分發育和伸長的枝條或花，實際上是枝條或花的雛型。

芽

米碎杙木　五列木科
Eurya chinensis R. Br.

大頭茶　茶科
Gordonia axillaris (Roxb.) Dietr.

不定芽 Adventitious bud

非由莖頂或葉腋所長出的芽。

水蕨 水蕨科
Ceratopteris thalictroides (L.) Brongn.

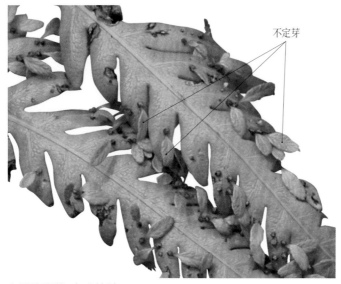

不定芽

稀子蕨 碗蕨科
Monachosorum henryi Christ

台灣狗脊蕨 烏毛蕨科
Woodwardia orientalis Sw. var. *formosana* Rosenst.

鱗芽 Scaly bud

具有鱗片覆蓋、保護的芽。

鱗芽

鱗芽裏白 裏白科
Diplopterygium laevissimum (H. Christ) Nakai

昆欄樹 (雲葉) 昆欄樹科
Trochodendron aralioides Siebold & Zucc.

豬腳楠 (紅楠) 樟科
Machilus thunbergii Siebold & Zucc.

珠芽 Aerial bulbil

由植物地上部分所產生的小
球根稱為珠芽。

珠芽

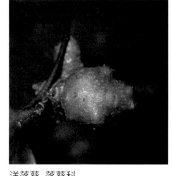

洋落葵 落葵科
Anredera cordifolia (Tenore) van
Steenis

戟葉田薯 (恆春薯蕷) 薯蕷科
Dioscorea doryphora Hance

俄氏草 (台閩苣苔) 苦苣苔科
Titanotrichum oldhamii (Hemsl.) Soler.

吸芽 / 根蘗 Sucker

由地下的莖基部或根部長出的
枝條。

台灣芭蕉 (山芎蕉) 芭蕉科
Musa basjoo Siebold var. *formosana*
(Warb.) S. S. Ying

鳳梨 鳳梨科
Ananas comosus (L.) Merr.

香蕉 芭蕉科
Musa x paradisiaca L.

35

腺 / 腺體 Gland

植物表面分泌黏性或油性物質的附屬物、突起、毛狀物等
構造，例如腺點、腺毛、蜜腺等。

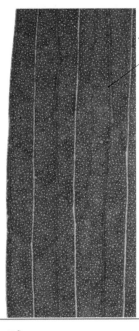

腺點 Glandular dots / Gland-dots / Dot glands / Glandular punctae

點狀的分泌構造，多用來形容凹陷或有顏色的腺體。

短柄金絲桃（無柄金絲桃） 金絲桃科
Hypericum taihezanense Sasaki

腺毛 Glandular hairs

具分泌功能的毛

尼泊爾蓼（野蕎麥） 蓼科
Persicaria nepalensis (Meisn.) H. Gross

白千層 桃金孃科
Melaleuca leucadendron L.

蜜腺 Nectary / Nectar gland

產生蜜的腺體。

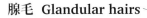

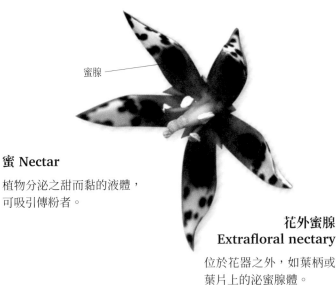

蜜腺

冇骨消 五福花科
Sambucus chinensis Lindl.

蜜 Nectar

植物分泌之甜而黏的液體，
可吸引傳粉者。

花外蜜腺 Extrafloral nectary

位於花器之外，如葉柄或
葉片上的泌蜜腺體。

新店當藥 龍膽科
Swertia shintenensis Hayata

野桐 大戟科
Mallotus japonicus (Thunb.) Muell. Arg.

瘦 Gall

由外來生物（如：昆蟲、蜱蟎類等節肢動物、線蟲及微生物等）的刺激，引起植物枝葉等處之細胞發生異常的增生。

蟲瘦 Insect gall
因昆蟲刺激所形成的瘦

風藤 胡椒科
Piper kadsura (Choisy) Ohwi

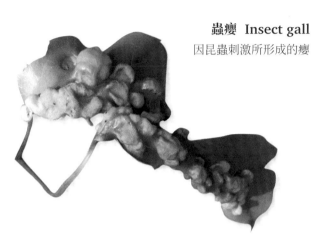

鵝掌柴（江某、高山鴨腳木） 五加科（造瘦生物：江某畸節蜱）
Schefflera octophylla (Lour.) Harms

台灣雲杉 松科
Picea morrisonicola Hayata

學名 Scientific name

符合「國際藻類、菌類及植物命名法規」規範的拉丁化植物名稱，包含屬名及種小名（種加詞）。

俗名 Common name

植物在人們日常生活中被稱呼的名字，不同地區或不同語言族群對相同的植物可能有不同的稱呼，或對不同的植物有相同的稱呼。例如這三種植物各有其學名，但其中文俗名均為過山龍。

過山龍 石松科
學名：*Lycopodium cernuum* L.

過山龍 菊科
學名：*Vernonia gratiosa* Hance

紅藤仔草（過山龍） 茜草科
學名：*Rubia akane* Nakai

根 Root

根是植物的營養器官之一，通常會向下生長，其基本的功能為吸收、運輸、支持及儲藏養分等。

單子葉植物的根部構造

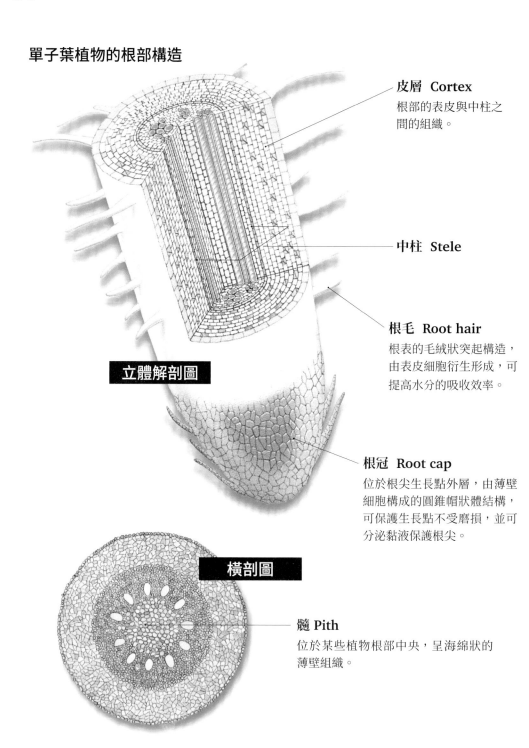

皮層 Cortex
根部的表皮與中柱之間的組織。

中柱 Stele

根毛 Root hair
根表的毛絨狀突起構造，由表皮細胞衍生形成，可提高水分的吸收效率。

立體解剖圖

根冠 Root cap
位於根尖生長點外層，由薄壁細胞構成的圓錐帽狀體結構，可保護生長點不受磨損，並可分泌黏液保護根尖。

橫剖圖

髓 Pith
位於某些植物根部中央，呈海綿狀的薄壁組織。

雙子葉植物的根部構造

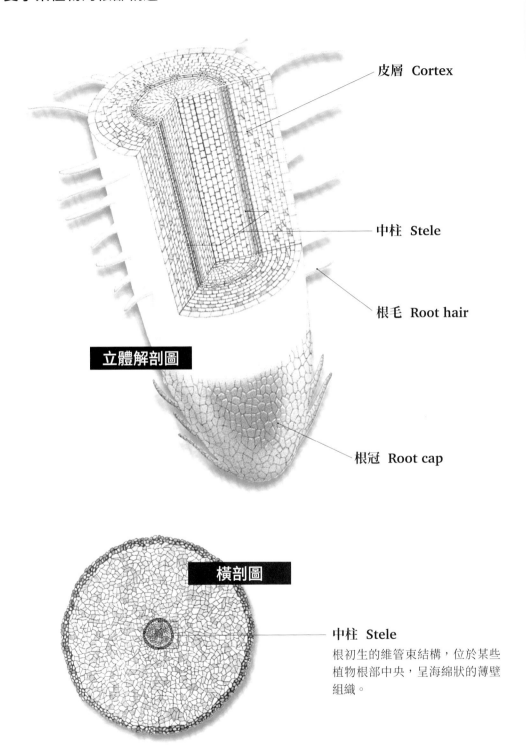

皮層　Cortex

中柱　Stele

根毛　Root hair

立體解剖圖

根冠　Root cap

橫剖圖

中柱　Stele
根初生的維管束結構，位於某些植物根部中央，呈海綿狀的薄壁組織。

根的外部構造

文殊蘭（文珠蘭）石蒜科
Crinum asiaticum L.

**主根／軸根
Main root / Tap root**
種子發芽後，由胚根發育
而來的圓柱狀主軸根。

鬚根 Fibrous root
種子發芽後，由於主根萎縮或
不發達，而由莖的基部長出許
多無主從之分的鬚狀細根。

支根／側根 Lateral root
由主根分生出來的分枝。

西洋蒲公英 菊科
Taraxacum officinale Weber

氣囊根 Air bladder root

漂浮植物的根發展出氣囊根，幫助植株漂浮在水面。

台灣水龍 柳葉菜科
Ludwigia × taiwanensis C. I Peng

氣囊根

白花水龍 柳葉菜科
Ludwigia adscendens (L.) H. Hara

儲存根　Storage root

植物將養分儲存在根部，以度過乾季或冬天。儲存根的外型都特別肥碩，像塊根、肉質軸根等。

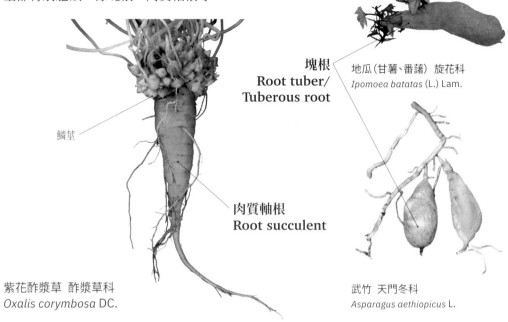

塊根
Root tuber/
Tuberous root

地瓜（甘薯、番薯）旋花科
Ipomoea batatas (L.) Lam.

鱗莖

肉質軸根
Root succulent

紫花酢漿草　酢漿草科
Oxalis corymbosa DC.

武竹　天門冬科
Asparagus aethiopicus L.

不定根　Adventitious root

自植物的葉或莖上長出來，而不是由胚根發育成的根，稱做不定根。

天胡荽　五加科
Hydrocotyle sibthorpioides Lam.

不定根

竹仔菜　鴨跖草科
Commelina diffusa Burm. f.

雷公根　繖形科
Centella asiatica (L.) Urb.

菌根 **Mycorrhiza**

植物根部與真菌共生的結合體，可分為外生菌根和內生菌根兩大類。菌根可以協助植物吸收水分和養分。

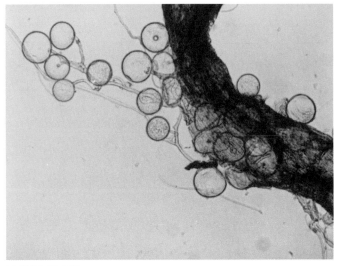

青剛櫟 殼斗科
Quercus glauca Thunb. *ex* Murray

五節芒 禾本科
Miscanthus floridulus (Labill.) Warb.

攀緣根 **Climbing root**

攀緣根會分泌膠狀物質，使藤本植物得以牢附在樹幹或牆壁上。

攀緣根

薜荔 桑科
Ficus pumila L.

黃金葛 天南星科
Epipremnum pinnatum (L.) Engl. cv.
Aureum

合果芋 天南星科
Syngonium podophyllum Schott

寄生根 Parasitic root

寄生植物伸入寄主植物組織中，吸收養分用的特化根狀器官。

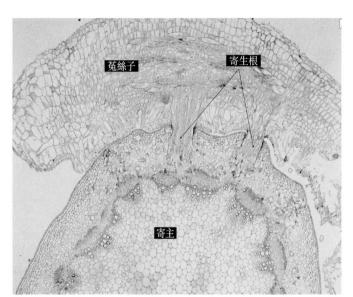

恆春桑寄生 桑寄生科
Taxillus pseudochinensis (Yamam.) Danser

菱形奴草 奴草科
Mitrastemon kanehirae Yamam.

菟絲子 旋花科
Cuscuta australis R. Br.

板根 Buttress root

植物的根向上漸次生長隆起，露出地面形成薄板狀，稱之為板根，有加強支撐的功能。

麵包樹 桑科
Anredera cordifolia (Tenore) van Steenis

吉貝棉 錦葵科
Ceiba pentandra (L.) Gaertn.

銀葉樹 錦葵科
Heritiera littoralis Dryand.

氣生根　Aerial root

暴露於空氣中，而非埋在土壤或水等介質中生長的根。

氣生根

大葉雀榕　桑科
Ficus caulocarpa (Miq.) Miq.

玉山箭竹　禾本科
Yushania niitakayamensis (Hayata) Keng f.

榕樹（正榕）　桑科
Ficus microcarpa L. f.

同化根　Assimilation root

某些蘭科植物生長在空氣中的綠色氣生根具有葉綠素，可以行光合作用，稱為同化根。

蜘蛛蘭　蘭科
Taeniophyllum glandulosum Blume

同化根

小白蛾蘭　蘭科
Thrixspermum saruwatarii (Hayata) Schltr.

黃蛾蘭（新竹風蘭）　蘭科
Thrixspermum laurisilvaticum (Fukuy.) Garay

支持根　Prop root

由莖幹基部所長出的不定根，可向下伸入土壤中加強支持功能的根，通常較為粗壯。

水筆仔　紅樹科
Kandelia obovata Sheue, H. Y. Liu & J. W. H. Yong

支持根

榕樹（正榕）　桑科
Ficus microcarpa L. f.

印度橡膠樹　桑科
Ficus elastica Roxb.

呼吸根　Respiratory root

由根上分生出來的支根，暴露於空氣中，具有吸收氧氣、協助氣體交換的功能。

水筆仔　紅樹科
Kandelia obovata Sheue, H. Y. Liu & J. W. H. Yong

呼吸根

落羽松（落羽杉）　柏科
Taxodium distichum (L.) Rich.

海茄苳　爵床科
Avicennia marina (Forssk.) Vierh.

莖 Stem

由胚軸向上發育而成的器官，通常在地面之上；生於地面下者稱為地下莖。莖具有節及節間，其上著生葉、花或芽。

楓香 楓香科
Liquidambar formosana Hance

枝 Branch
自主莖上側生之小莖。

主莖 / 樹幹 Main stem / Trunk
植物的營養器官之一，通常是植物體向上生長的主軸，主要有支持及運輸的功能。

青楓 無患子科
Acer serrulatum Hayata

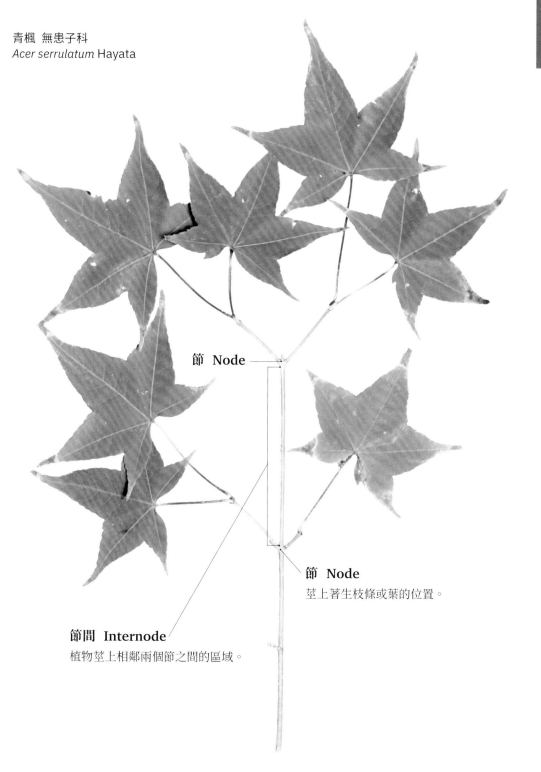

節 Node

節 Node
莖上著生枝條或葉的位置。

節間 Internode
植物莖上相鄰兩個節之間的區域。

單子葉植物莖的剖面圖

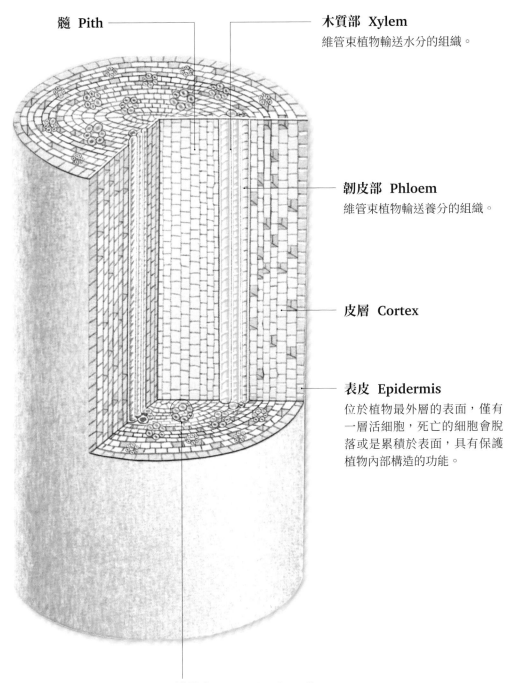

髓 Pith

木質部 Xylem
維管束植物輸送水分的組織。

韌皮部 Phloem
維管束植物輸送養分的組織。

皮層 Cortex

表皮 Epidermis
位於植物最外層的表面，僅有
一層活細胞，死亡的細胞會脫
落或是累積於表面，具有保護
植物內部構造的功能。

維管束 Vascular bundle
植物體內負責運送養分和水分的輸導系統，因為
排列成束，故稱為維管束。

雙子葉植物莖的剖面圖

髓 Pith
某些植物莖或根部中央的薄壁組織，常呈海綿狀，年輕時具有儲藏養分的功能，老化後可能失去此功能。

木質部 Xylem

韌皮部 Phloem

表皮 Epidermis

皮層 Cortex
在表皮內側，由分生組織分化出來的薄壁組織，具有輸送物質和儲存養分的功能。

形成層 Cambium
維管束植物組織中，位於韌皮部與木質部中間的帶狀分生組織，可向外形成韌皮部，向內形成木質部，是一種側生分生組織。

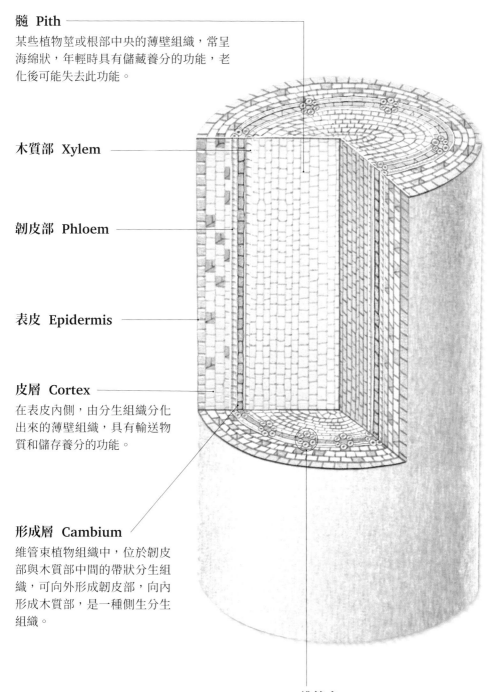

維管束 Vascular bundle

單子葉植物的維管束

單子葉植物缺乏形成層，維管束散生。

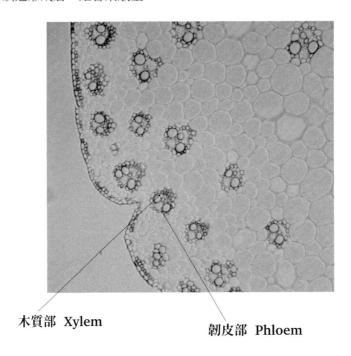

木質部 Xylem   韌皮部 Phloem

雙子葉植物的維管束

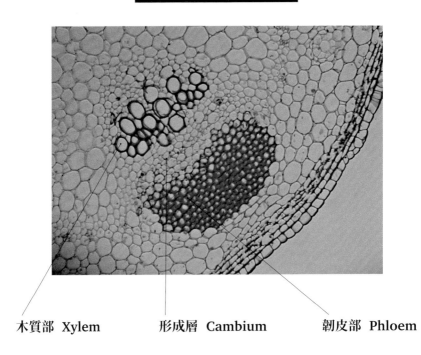

木質部 Xylem   形成層 Cambium   韌皮部 Phloem

樹皮 Bark

木本植物莖幹最外層的表皮構造，包括形成層外側的所有組織。

蘭嶼蘋婆 錦葵科
Sterculia ceramica R. Br.

白千層 桃金孃科
Melaleuca leucadendron L.

毛海棗 棕櫚科
Phoenix tomentosa Hort. *ex* Gentil

小桑樹(小葉桑) 桑科
Morus australis Poir.

台東蘇鐵 蘇鐵科
Cycas taitungensis C. F. Shen , K. D. Hill , C. H. Tsou & C. J. Chen

葉痕 Leaf scar

植物葉片脫落後在枝條或莖幹上殘存的痕跡。

山檳榔　棕櫚科
Pinanga tashiroi Hayata

大王椰子　棕櫚科
Roystonea regia O. F. Cook

筆筒樹　桫欏科
Cyathea lepifera (J. Sm. *ex* Hook.) Copel.

皮孔 / 皮目 Lenticel

植物莖上可供氣體交換的開孔。

山櫻花　薔薇科
Prunus campanulata Maxim.

豬腳楠(紅楠)　樟科
Machilus thunbergii Siebold & Zucc.

黑板樹　夾竹桃科
Alstonia scholaria (L.) R. Br.

皮刺　Prickle

莖部表皮或樹皮上尖刺狀的小型突起物。

吉貝棉　錦葵科
Ceiba pentandra (L.) Gaertn.

高山薔薇　薔薇科
Rosa transmorrisonensis Hayata

美人樹　錦葵科
Ceiba speciosa (A. St.-Hil.)
Ravenna

棘刺　Thorn

特化成尖硬的木質針刺狀的莖枝，亦泛指長在莖上的刺狀
構造。

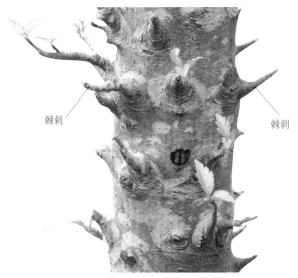

棘刺　　　　　　　棘刺

台灣蘋果　薔薇科
Malus doumeri (Bois.) Chev.

翼柄花椒　芸香科
Zanthoxylum schinifolium Siebold &
Zucc.

麒麟花　大戟科
Euphorbia milii Des Moul.

木質 Woody

莖的內部具大量發達的次生木質部，質地堅硬。

木質

台灣油杉 松科
Keteleeria davidiana (Franchet) Beissner var. *formosana* Hayata

台灣杉 柏科
Taiwania cryptomerioides Hayata

台灣欒樹 (苦苓舅) 無患子科
Koelreuteria henryi Dummer

草質 Herbaceous

莖無明顯木質化，質地柔軟，不具次生木質部，沒有年輪。

草質

圓葉鴨跖草 (竹葉菜) 鴨跖草科
Commelina benghalensis L.

水毛花 莎草科
Schoenoplectus mucronatus (L.) Palla subsp. *robustus* (Miq.) T. Koyama

鱧腸 菊科
Eclipta prostrata (L.) L.

肉質莖 Fleshy stem / Succulent stem

多肉且含大量水分的莖。

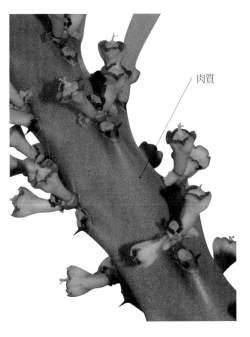

肉質

仙人球 仙人掌科
Echinopsis multiplex (Pfeiff.) Zucc. *ex*
Pfeiff. & Otto

六角柱 仙人掌科
Cereus peruvianus (L.) Mill.

三角大戟（彩雲閣）大戟科
Euphorbia trigona Mill.

捲鬚 Tendril

由莖、葉或花序轉變成的細長絲狀之捲曲構造，有助於植物攀緣生長。

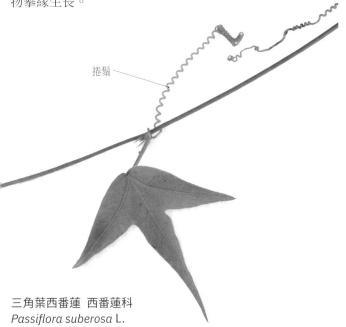

捲鬚

倒地鈴 無患子科
Cardiospermum halicacabum L.

三角葉西番蓮 西番蓮科
Passiflora suberosa L.

毛西番蓮 西番蓮科
Passiflora foetida L.

塊莖 Tuber

短縮而膨大的地下莖，可發育為貯藏養分及繁殖的器官，其上有芽眼。

高山露珠草 柳葉菜科
Circaea alpina L. subsp. *imaicola*
(Asch. & Mag.) Kitam.

金線草 蓼科
Persicaria filiformis (Thunb.) Nakai *ex*
W. T. Lee

馬鈴薯 茄科
Solanum tuberosum L.

球莖 Corm

短縮而膨大的肉質地下莖，通常為球形，具明顯的節和乾膜質鱗片，芽藏在鱗片內側，莖底部會長出鬚根。

芋頭 天南星科
Colocasia esculenta (L.) Schott

土半夏 天南星科
Typhonium blumei Nicolson &
Sivadasan

荸薺 莎草科
Eleocharis dulcis (Burm. f.) Trin. *ex* Hensch.

鱗莖　Bulb

短縮而膨大的球形地下莖，其上生有許多肥厚鱗片，可一層一層剝開。

台灣百合　百合科
Lilium longiflorum Thunb. var. *formosanum* Baker

綿棗兒　天門冬科
Barnardia japonica (Thunb.) Schult. & Schult. f.

紫花酢漿草　酢漿草科
Oxalis corymbosa DC.

假球莖　Pseudobulb

某些蘭科植物之莖的節間膨大而成，並非真正的球莖，可儲存水分和養分。

綠花寶石蘭　蘭科
Sunipia andersonii (King & Pantl.) P. F. Hunt

一葉羊耳蒜（摺疊羊耳蘭）　蘭科
Liparis bootanensis Griff.

紫紋捲瓣蘭　蘭科
Bulbophyllum melanoglossum Hayata

地下莖 / 根莖 / 根狀莖 Rhizome

橫走於地下，外觀與根相似的莖，具有明顯的節，可於節上產生芽和不定根。

芽

不定根

薑 薑科
Zingiber officinale Rosc.

裂葉秋海棠 (巒大秋海棠) 秋海棠科
Begonia palmata D. Don

狹萼豆蘭 蘭科
Bulbophyllum drymoglossum Maxim.
ex Okubo

葉狀枝 / 葉狀莖 Cladophyll / Cladode / Phylloclade

莖部扁平如葉片狀，含葉綠體可行光合作用，其葉退化或呈鱗狀、刺狀，而由葉狀莖取代葉的功能。

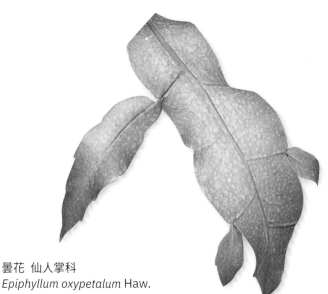

曇花 仙人掌科
Epiphyllum oxypetalum Haw.

火龍果 仙人掌科
Hylocereus undatus (Haw.) Britton & Rose

天門冬 天門冬科
Asparagus cochinchinensis (Lour.) Merr.

稈 Culm

特稱禾本科、莎草科或燈心草科等中空或具髓的莖。

短葉水蜈蚣 莎草科
Kyllinga brevifolia Rottb.

烏腳綠竹 禾本科
Bambusa edulis
(Odashima) Keng

鴛鴦湖燈心草 燈心草科
Juncus tobdenii Noltie

年輪 / 樹輪 Annual ring

在具有顯著季節性氣候的地區，木本
植物的次生木質部的生長速率會因
季節而不同，春夏生長較快，
細胞較大而顏色較淡，秋冬
反之；因此在橫切面上會
形成同心圓狀輪痕，稱為
年輪或樹輪。

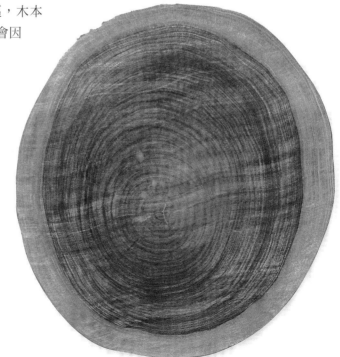

欅 榆科
Zelkova serrata (Thunb.) Makino

直立莖 Erect stem

莖生長方向與水平面垂直，稱為直立莖。

台灣雲杉 松科
Picea morrisonicola Hayata

台灣冷杉 松科
Abies kawakamii (Hayata) Tak. Itô

一枝黃花 菊科
Solidago virga-aurea L. var. *leiocarpa*
(Benth.) A. Gray

斜升莖 Ascending stem

由最初偏斜生長的狀態，漸漸變成向上生長，所以莖的下半部會成弧曲狀，上半部呈直立。

台灣狗娃花 菊科
Aster oldhamii Hemsl.

金腰箭舅 菊科
Calyptocarpus vialis Less.

玉山抱莖籟簫 菊科
Anaphalis morrisonicola Hayata

斜倚莖 Decumbent stem

莖的基部斜倚在地面上，並與之平行，而枝條末端則逐漸向上直立。

海馬齒 番杏科
Sesuvium portulacastrum (L.) L.

細葉蘭花參 桔梗科
Wahlenbergia marginata (Thunb.) A. DC.

蓮子草 莧科
Alternanthera sessilis (L.) R. Br.

平臥莖 Prostrate stem

植株本身的莖平鋪於地面生長，但不會產生不定根。

伏生大戟 大戟科
Euphorbia prostrata Aiton

恆春金午時花 錦葵科
Sida rhombifolia L. subsp. *insularis* (Hatus.) Hatus.

千根草 (小飛揚草) 大戟科
Euphorbia thymifolia L.

匍匐莖 Creeping stem

植株本身的莖平鋪於地面生長，且會在節上產生不定根。

雷公根 繖形科
Centella asiatica (L.) Urb.

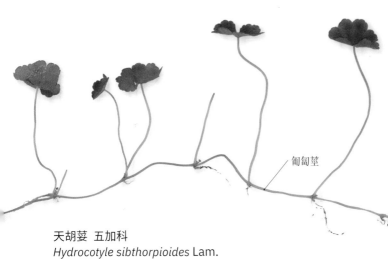

匍匐莖

凹果水馬齒 車前科
Callitriche peploides Nutt.

天胡荽 五加科
Hydrocotyle sibthorpioides Lam.

走莖 Stolon

植株本身非匍匐莖，但長出平鋪於地面或岩壁，且在節上
產生不定根的莖。

走莖

蛇莓 薔薇科
Duchesnea indica (Andr.) Focke

岩生秋海棠 秋海棠科
Begonia ravenii C. I Peng & Y. K. Chen

茶匙黃 堇菜科
Viola diffusa Ging.

攀緣莖 Climbing stem

常倚賴捲鬚、小根、吸盤或其他特化的捲附器官攀緣他物生長的莖。

攀緣莖

薜荔 桑科
Ficus pumila L.

地錦（爬牆虎）葡萄科
Parthenocissus dalzielii Gagnep.

忍冬（金銀花）忍冬科
Lonicera japonica Thunb.

纏繞莖 Twining stem

呈螺旋狀纏繞他物而攀附生長的莖，可分成左旋和右旋兩類。

纏繞莖

番仔藤（槭葉牽牛）旋花科
Ipomoea cairica (L.) Sweet

台灣馬兜鈴 馬兜鈴科
Aristolochia shimadae Hayata

平原菟絲子 旋花科
Cuscuta campestris Yunck.

63

葉 Leaf

植物主要的營養器官之一，可行光合作用，提供植物所需的養分。

葉脈 Vein / Nerve
葉子中的維管束系統，具輸導及支持作用。

細脈 Veinlet
細小的葉脈。

側脈 Lateral vein
從主脈上分枝出的葉脈，較主脈細小。

主脈／中肋 Midrib
位於葉片中央，連接葉柄的主軸脈，通常較其他葉脈粗大且明顯。

葉身 Blade
葉子平展延伸的部分，為行光合作用的主要部位。

葉子先端 Apex
葉子遠離莖幹的一端的頂部。

菩提樹 桑科
Ficus religosa L.

葉柄 Petiole
連接葉身與莖之間的構造。

葉基 Base
葉子接近莖幹或枝條
的一端。

葉緣 Margin
整片葉子邊緣的輪廓。

常綠 Evergreen

葉片幾乎全年維持綠色，不會因季節變遷而變色凋零，且不於同一時期大量掉落。

清水圓柏 柏科
Juniperus chinensis L. var.
taiwanensis R. P. Adams & C. F. Hsieh

台灣油杉 松科
Keteleeria davidiana (Franchet)
Beissner var. *formosana* Hayata

樟樹 樟科
Cinnamomum camphora (L.) J. Presl

落葉 Deciduous

葉片因秋、冬季低溫或乾旱的氣候等逆境而產生離層後凋落，植物體進入休眠狀態。溫帶地區的闊葉樹多具有落葉的特性。

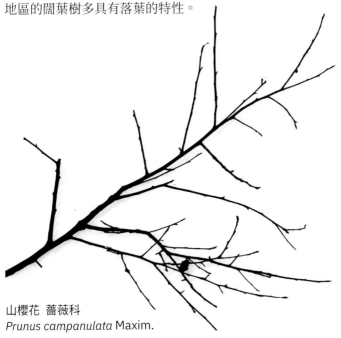

木棉 錦葵科
Bombax ceiba L.

台灣水青岡（台灣山毛櫸）殼斗科
Fagus hayatae Palib.

山櫻花 薔薇科
Prunus campanulata Maxim.

異型葉 Heterophyllous leaf

同一株植物上具有形態或功能不同的葉片。

腰只花 車前科
Hemiphragma heterophyllum Wall.

孢子葉

營養葉

大葉舌蕨（阿里山舌蕨）蘿蔓藤蕨科
Elaphoglossum conforme (Sw.) Schott

華中瘤足蕨 瘤足蕨科
Plagiogyria euphlebia (Kunze) Mett.

孢子葉 Sporophyll

某些蕨類植物之葉片具有二型性，其產生孢子而具有生殖功能之葉片稱為孢子葉。

營養葉 Trophophyll

具二型葉之蕨類植物中，僅行營養生長而不產生孢子的葉片稱為營養葉。

孢子葉

營養葉

伏石蕨（抱樹蕨）水龍骨科
Lemmaphyllum microphyllum C. Presl

氣孔 Stomate

葉下表皮由兩個保衛細胞環繞之孔隙，其開閉可控制氣體交換與水分蒸散。

氣孔帶 Stomatic band
氣孔密生，匯集成明顯的帶狀。

氣孔

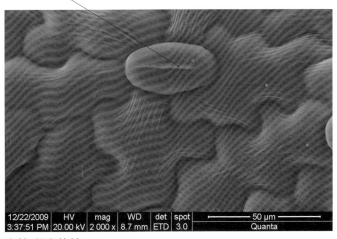

台灣穗花杉 穗花杉科
Amentotaxus formosana Li

小茄 報春花科
Lysimachia japonica Thunb.

圓果秋海棠 秋海棠科
Begonia longifolia Blume

三出脈 Trinerved

從葉基分出三條平直且彼此近乎平行的明顯主脈。

三出脈

台灣山白蘭 菊科
Aster formosanus Hayata

台灣馬桑 馬桑科
Coriaria intermedia Matsum.

大野牡丹 野牡丹科
Astronia ferruginea Elmer

網狀脈　Netted vein / Reticulate vein

葉脈的大小分支互相連結，成為網狀。又分為羽狀網脈與掌狀網脈。

台灣懸鉤子　薔薇科
Rubus formosensis Kuntze

朱槿　錦葵科
Hibiscus rosa-sinensis L.

繁花薯豆　杜英科
Elaeocarpus multiflorus (Turcz.) Fern.-Vill.

羽狀網脈　Pinnate-netted venation / Pinnately netted venation

從一條中脈向兩邊分出較大的支脈，呈羽毛狀排列，而其小分支再構成網狀者稱之。

欖仁舅　茜草科
Neonauclea reticulata (Havil.) Merr.

咬人狗　蕁麻科
Dendrocnide meyeniana (Walp.) Chew

香葉樹　樟科
Lindera communis Hemsl.

掌狀網脈 Palmate-netted vention / Digitate venation

從葉柄之先端同時生出數條主脈，呈掌狀排列，而其小分
支再構成網狀者稱之。

水鴨腳 秋海棠科
Begonia formosana (Hayata) Masam.

山芙蓉 錦葵科
Hibiscus taiwanensis S. Y. Hu

異葉山葡萄 葡萄科
Ampelopsis glandulosa (Wall.) Momiy.
var. *heterophylla* (Thunb.) Momiy.

平行脈 Parallel venation

葉基至葉尖的中脈及側脈為平行排列，又分側出平行脈與
直出平行脈。

月桃 薑科
Alpinia zerumbet (Pers.) B. L. Burtt &
R. M. Sm.

南投寶鐸花 秋水仙科
Disporum sessile D. Don. var. *internedium* (Hara) Y. H. Tseng &
C. T. Chao

包籜箭竹 禾本科
Arundinaria usawae Hayata

側出平行脈 / 橫出平行脈 / 羽狀平行脈 Transversed parallel venation / Pinnately parallel venation

由主脈向兩側伸出的平行脈。

香蕉 芭蕉科
Musa × paradisiaca L.

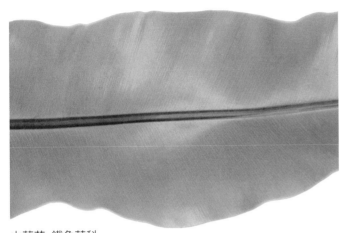

山蘇花 鐵角蕨科
Asplenium antiquum Makino

烏來月桃（大輪月桃） 薑科
Alpinia uraiensis Hayata

直出平行脈 Straight parallel venation

從葉基部至葉尖端，與葉身平行而出的葉脈。

菱蕨 天門冬科
Polygonatum arisanense Hayata

紫苞舌蘭 蘭科
Spathoglottis plicata Blume

翹距根節蘭 蘭科
Calanthe aristulifera Rchb. f.

針形 Acicular / Acerose

葉片細長呈細針狀。

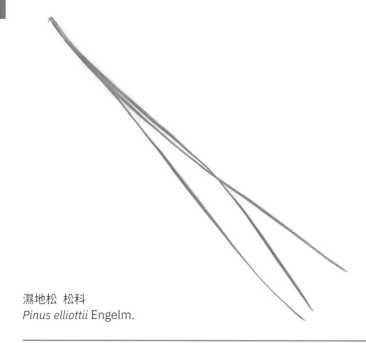

台灣華山松 松科
Pinus armandii Franch. var.
masteriana Hayata

台灣二葉松 松科
Pinus taiwanensis Hayata

濕地松 松科
Pinus elliottii Engelm.

線形 Linear

葉形細長，兩側葉緣幾近平行。

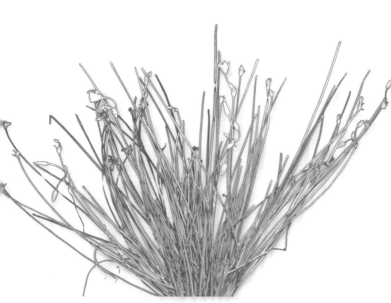

金稜邊蘭 蘭科
Cymbidium floribundum Lindl.

異蕊草 天門冬科
Thysanotus chinensis Benth.

早熟禾 禾本科
Poa annua L.

披針形 Lanceolate

葉片近葉基三分之一處最寬，往先端漸呈尖細。因形狀像
是古代中醫用的披針、紡織梭前的披針或固定披風的針
飾，故稱披針形。

漸尖

野牡丹　野牡丹科
Melastoma candidum D. Don

玉山肺形草（披針葉肺形草）龍膽科
Tripterospermum lanceolatum (Hayata)
H. Hara *ex* Satake

青剛櫟　殼斗科
Quercus glauca Thunb. *ex* Murray

倒披針形 Oblanceolate

葉片近先端三分之一處最寬，寬度往葉基漸呈尖狹，形狀
與披針形相反。

漸尖狹

海檬果　夾竹桃科
Cerbera manghas L.

山黃梔（梔子花）茜草科
Gardenia jasminoides J. Ellis

台灣杜鵑　杜鵑花科
Rhododendron formosanum Hemsl.

73

鐮刀形 Falcate

形狀狹長而略微彎曲，狀似鐮刀。

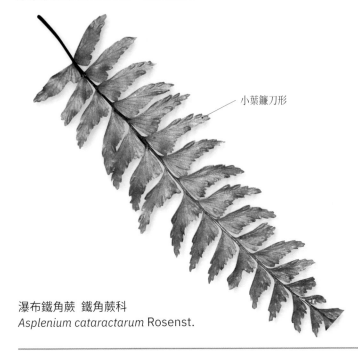

小葉鐮刀形

鐵色 假黃楊科
Drypetes littoralis (C. B. Rob.) Merr.

相思樹 豆科
Acacia confusa Merr.

瀑布鐵角蕨 鐵角蕨科
Asplenium cataractarum Rosenst.

橢圓形 Elliptic / Elliptical

葉中部寬，兩端較窄而呈橢圓狀。

山柑 山柑科
Capparis sikkimensis Kurz subsp.
formosana (Hemsl.) Jacobs

燈稱花 冬青科
Ilex asprella (Hook. & Arn.) Champ.

台灣赤楊（台灣檜木）樺木科
Alnus formosana (Burkill *ex* Forbes & Hemsl.) Makino

長橢圓形 Oblong

葉長為葉寬的 1.5 至 2 倍，兩側葉緣幾近平行。

厚葉柃木　五列木科
Eurya glaberrima Hayata

雀榕(山榕)　桑科
Ficus subpisocarpa Gagnep.

金錦香　野牡丹科
Osbeckia chinensis L.

寬橢圓形　Oval

葉片呈較寬的橢圓形，通常長在寬的兩倍以下。

紅仔珠(七日暈)　葉下珠科
Breynia vitis-idaea (Burm. f.) C. E. Fischer

台灣金線蓮　蘭科
Anoectochilus formosanus Hayata

桂花　木犀科
Osmanthus fragrans (Thunb.) Lour.

75

卵形 Ovate

葉片的基部較寬圓而呈蛋形。

水黃皮 豆科（小葉卵形）
Pongamia pinnata (L.) Pierre

無梗忍冬 忍冬科
Lonicera apodantha Ohwi

玉山山奶草 桔梗科
Codonopsis kawakamii Hayata

倒卵形 Obovate

葉片呈蛋形，但葉尖部位較寬圓。

森氏紅淡比 五列木科
Cleyera japonica Thunb. var. *morii*
(Yamam.) Masam.

台灣石櫟 殼斗科
Lithocarpus formosanus (Hayata)
Hayata

欖仁 使君子科
Terminalia catappa L.

心形 Cordate / Cordiform

葉基凹陷而先端較尖，葉片呈心的形狀。

心葉羊耳蒜（銀鈴蟲蘭）蘭科
Liparis cordifolia Hook. f.

小莕菜 睡菜科
Nymphoides coreana (H. Lév.) H. Hara

泡果苘 錦葵科
Abutilon crispum (L.) Medik.

倒心形 Obcordate / Obcordiform

基部楔形，先端寬圓而中間凹陷。

小葉倒心形

紫花酢漿草 酢漿草科
Oxalis corymbosa DC.

酢漿草 酢漿草科
Oxalis corniculata L.

心葉毬蘭 夾竹桃科
Hoya Kerrii Craib

盾形 Peltate

葉柄直接連接於葉身而非與葉緣相連，呈盾牌狀。

葉柄直接連接
於葉身

血桐 大戟科
Macaranga tanarius (L.) Müll. Arg.

八角蓮 小檗科
Dysosma pleiantha (Hance) Woodson

蓮葉桐 蓮葉桐科
Hernandia nymphiifolia (C. Presl) Kubitzki

腎形 Reniform

葉片先端寬圓而葉基微微內凹，呈腎臟形。

腎形

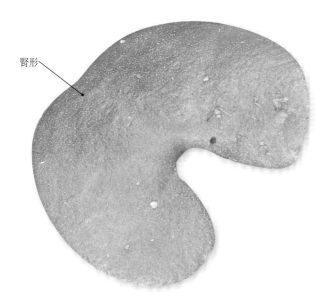

刺萼寒莓 薔薇科
Rubus pectinellus Maxim.

虎耳草 虎耳草科
Saxifraga stolonifera Meerb.

馬蹄金 旋花科
Dichondra micrantha Urb.

圓形 Orbicular / Orbiculate / Rotund / Circular

葉片形似滿月，呈圓形。

亞馬遜王蓮 睡蓮科
Victoria amazonica (Poepp.) Sowerby

金蓮花 金蓮花科
Tropaeolum majus L.

芡 睡蓮科
Euryale ferox Salisb.

三角形 Deltate / Deltoid

葉片於葉基處最寬而往
先端漸尖，形似三角形。

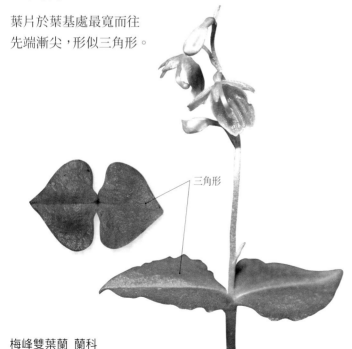

三角形

日本雙葉蘭 蘭科
Listera japonica Blume

扛板歸 蓼科
Persicaria perfoliata (L.) H. Gross

梅峰雙葉蘭 蘭科
Listera meifongensis H. J. Su. & C. Y. Hu

倒三角形 Obdeltoid

葉片於先端處最寬而往基部漸尖，狀似倒三角形。

倒三角形

大萍 天南星科
Pistia stratiotes L.

三角榕 桑科
Ficus triangularis Warb.

紫葉酢漿草 酢漿草科
Oxalis triangularis A. St.-Hil.

菱形 Rhombic

葉片呈等邊的斜方形。

菱形

阿里山繁縷 石竹科
Stellaria arisanensis (Hayata) Hayata

假藿香薊 菊科
Ageratina adenophora (Spreng.) R. M. King & H. Rob.

菱葉柿 柿樹科
Diospyros rhombifolia Hemsl.

匙形 Spatulate

葉片形狀像飯匙，上半部寬圓，往葉基處漸狹。

匙形

類雛菊飛蓬 菊科
Erigeron bellidioides DC.

匙葉鼠麴草 菊科
Gnaphalium pensylvanicum Willd.

茶匙黃 堇菜科
Viola diffusa Ging

琴狀羽裂 / 大頭羽裂 Lyrate

葉片形狀像西洋七弦琴，略有羽裂，先端裂片大而圓，其下的裂片較小。

琴狀

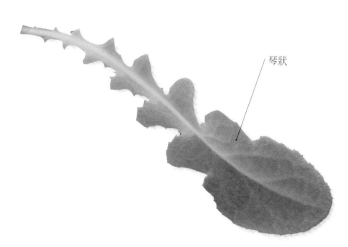

台灣黃鵪菜 菊科
Youngia japonica (L.) DC. subsp. *formosana* (Hayata) Kitam.

裂葉艾納香 菊科
Blumea laciniata (Roxb.) DC.

焊菜 (蔊菜) 十字花科
Cardamine flexuosa With.

提琴形 Pandurate / Panduriform

葉片形狀像西洋古典樂器大提琴。

提琴形

提琴葉榕 桑科
Ficus lyrata Warb.

濱榕 桑科
Ficus tannoensis Hayata

猩猩草 大戟科
Euphorbia cyathophora Murray

扇形 Flabellate / Flabelliform / Fan-shaped

葉片形狀像扇子，先端寬圓呈弧狀，往葉基處漸狹。

扇形

雙扇蕨 雙扇蕨科
Dipteris conjugata Reinw.

團扇蕨 膜蕨科
Gonocormus minutus (Blume) Bosch

銀杏 銀杏科
Ginkgo biloba L.

箭頭形 Sagittate

葉片形狀像箭矢前端的尖刺，葉基裂片向下。

葉基裂片向下

絨葉合果芋 天南星科
Syngonium wendlandii Schott

土半夏 天南星科
Typhonium blumei Nicolson &
Sivadasan

箭葉蓼 蓼科
Persicaria sagittata (L.) H. Gross

戟形 Hastate / Halberd-shaped

葉似箭形，具有狀似戟的尖銳先端，且裂片朝外。

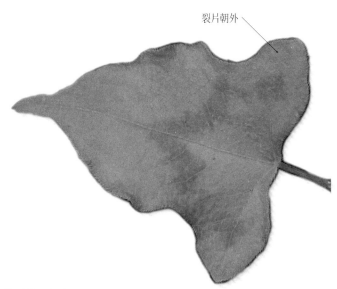

裂片朝外

戟葉蓼 蓼科
Persicaria thunbergii (Siebold & Zucc.) H. Gross

黃花鼠尾草 唇形科
Salvia nipponica Miq. var. *formosana*
(Hayata) Kudo

刺蓼 蓼科
Persicaria senticosa (Meisn.) H. Gross

83

鑿形 Subulate

葉片短小，寬度往先端漸狹，
先端尖銳而呈鑿刀狀。

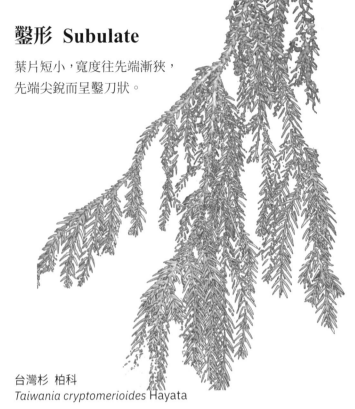

台灣杉 柏科
Taiwania cryptomerioides Hayata

香青（玉山圓柏） 柏科
Juniperus squamata Buch.-Ham. *ex* Lamb.

刺柏 柏科
Juniperus formosana Hayata

鱗片狀 Scale-like

葉片小而扁平，通常無柄。

台灣肖楠 柏科
Calocedrus macrolepis Kurz var. *formosana* (Florin) Cheng & L.K. Fu.

紅檜 柏科
Chamaecyparis formosensis Matsum.

地刷子 石松科
Lycopodium complanatum L.

抱莖 Amplexicaul / Stem-clasping

不具葉柄，葉基兩側緊貼在莖的周圍。

鈴木氏薊 菊科
Cirsium suzukii Kitam.

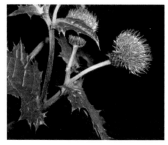

尼泊爾蓼（野蕎麥） 蓼科
Persicaria nepalensis (Meisn.) H. Gross

南國小薊 菊科
Cirsium japonicum DC. var. *australe* Kitam.

耳狀抱莖 Auriculate-clasping / Auriculate-amplexicaul

葉基抱莖，並具耳狀裂片環繞著莖。

耳狀裂片

苦滇菜（苦菜） 菊科
Sonchus oleraceus L.

粉黃纓絨花 菊科
Emilia praetermissa Milne-Redh.

火炭母草 蓼科
Persicaria chinensis (L.) H. Gross

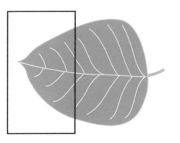

銳尖 Acute

葉片先端或基部尖銳，呈銳角狀，但兩邊平直不內凹。

漸尖 Acuminate

葉片先端或基部漸次窄縮，尖頭延長，並有微微內凹的邊緣。

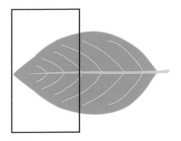

芒尖 Aristate

葉片先端或葉緣有一延伸的芒刺狀構造。

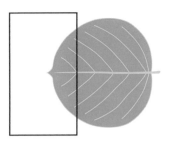

細尖 Apiculate

葉片尖端驟然突起呈細尖狀。

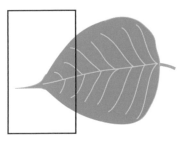

尾狀 Caudate

葉片先端延伸形成長尾狀。

捲尾狀 Cirrhose / Cirrhous / Cirrose

葉片先端延伸如尾狀，並捲曲。

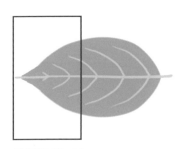

具短尖的 Mucronate

葉片的中肋突出於葉端外，形成短銳的尖頭。

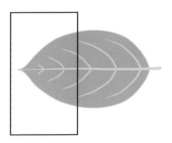

具小短尖的 Mucronulate

葉片的中肋微微突出於葉端外。

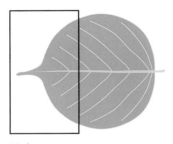

驟突 Cuspidate

葉片先端有一尖銳刺狀突起。

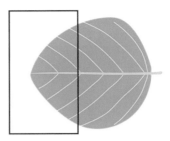

鈍 Obtuse

葉片先端或基部圓滑，無銳角。

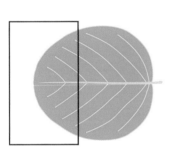

圓 Rounded

葉片先端或基部呈圓弧狀。

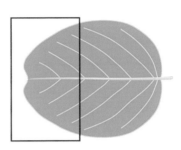

微凹 Retuse

葉片先端微微向內凹陷。

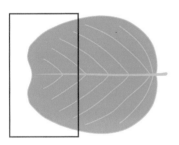

凹缺 Emarginate

葉片先端向內凹陷。

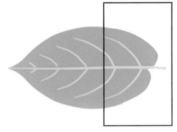

歪基 Oblique

葉片基部兩側不相等的情形。

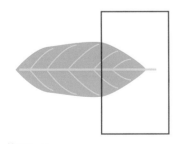

楔形 Cuneate

葉片由中部往基部漸狹，葉緣平直，形如楔子。

截形 Truncate

葉片先端或基部平整，略呈直線，如刀切截般。

全緣 Entire

葉緣連續且完整平滑，沒有缺刻或鋸齒或裂片。

全緣

柘樹 桑科
Maclura cochinchinensis (Lour.) Corner

瓊崖海棠（胡桐） 胡桐科
Calophyllum inophyllum L.

風藤 胡椒科
Piper kadsura (Choisy) Ohwi

鋸齒狀 Serrate

葉緣具有尖銳的齒，齒端朝向葉尖。

鋸齒狀

小桑樹（小葉桑） 桑科
Morus australis Poir.

田代氏澤蘭 菊科
Eupatorium clematideum (Wall. ex DC.) Sch. Bip.

山枇杷 薔薇科
Eriobotrya deflexa (Hemsl.) Nakai

細鋸齒狀 Serrulate

葉緣為齒距較細小的鋸齒狀。

密花苧麻 蕁麻科
Boehmeria densiflora Hook. & Arn.

細鋸齒狀

楓香 楓香科
Liquidambar formosana Hance

高山薔薇 薔薇科
Rosa transmorrisonensis Hayata

重鋸齒 Biserrate / Double-serrate

大鋸齒的邊緣又有小鋸齒，形成雙重的鋸齒狀。

山櫻花 薔薇科
Prunus campanulata Maxim.

重鋸齒

阿里山千金榆 樺木科
Carpinus kawakamii Hayata

鴨兒芹 繖形科
Cryptotaenia japonica Hassk.

鈍齒狀 / 圓齒狀 Crenate

葉緣具圓鈍狀齒。

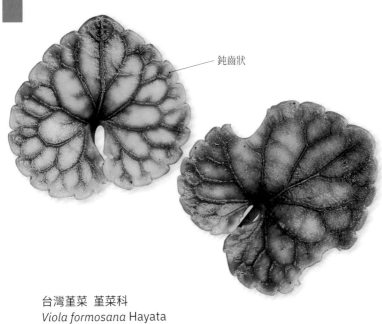

鈍齒狀

喜岩堇菜 堇菜科
Viola adenothrix Hayata

台灣堇菜 堇菜科
Viola formosana Hayata

金錢薄荷 唇形科
Suzukia shikikunensis Kudo

細圓齒狀 Crenulate

葉緣具較小的圓鈍狀齒。

細圓齒狀

杜英 杜英科
Elaeocarpus sylvestris (Lour.) Poir.

短柱山茶 茶科
Camellia brevistyla (Hayata) Coh.-Stuart

日本衛矛 衛矛科
Euonymus japonicus Thunb.

波狀 Undulate

葉緣呈明顯的波浪狀起伏。

波狀

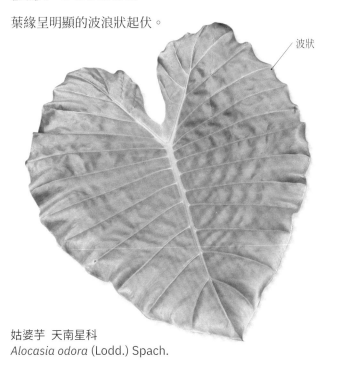

姑婆芋 天南星科
Alocasia odora (Lodd.) Spach.

山月桃 薑科
Alpinia intermedia Gagnep.

皺葉山蘇花 鐵角蕨科
Asplenium nidus L. cv. Plicatum

深波狀 Sinuate

葉緣呈大波浪狀的輪廓。

深波狀

印度茄 茄科
Solanum violaceum Ortega

槲樹 殼斗科
Quercus dentata Thunb.

大花黃鵪菜 菊科
Youngia japonica (L.) DC. subsp.
longiflora Babc. & Stebbins

91

皺波狀 Crispate / Crisped

葉緣具有明顯且較皺的波浪狀起伏。

皺波狀

白菜 十字花科
Brassica rapa L. subsp.
campestris (L.) A. R. Clapham

皺葉萵苣 菊科
Lactuca sativa L. var. *crispa* L.

羊蹄 蓼科
Rumex japonicus Houtt.

齒牙狀 Dentate

葉緣呈尖銳的齒狀，齒端向外。

齒牙狀

雷公根 繖形科
Centella asiatica (L.) Urb.

粉黃纓絨花 菊科
Emilia praetermissa Milne-Redh.

漢氏山葡萄 葡萄科
Ampelopsis brevipedunculata (Maxim.) Trautv. var. *hancei*
(Planch.) Rehder

毛緣　Ciliate

葉緣有細毛著生。

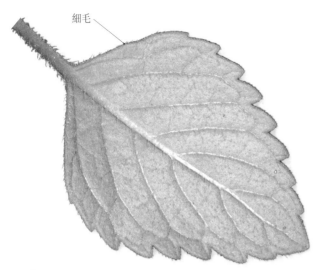

細毛

含羞草　豆科
Mimosa pudica L.

水冠草　茜草科
Argostemma solaniflorum Elmer

風輪菜　唇形科
Clinopodium chinense (Benth.) Kuntze

裂片　Lobe

葉片具有分裂的植物中，葉片分裂的單元稱為裂片，如楓香的葉片。

裂片

整個為一單葉

青楓　無患子科
Acer serrulatum Hayata

掌葉毛茛　毛茛科
Ranunculus cheirophyllus Hayata

水鴨腳　秋海棠科
Begonia formosana (Hayata) Masam.

二裂 **Bifid / Bisected**

葉先端具有兩枚裂片。

裂片

燕尾蕨 燕尾蕨科
Cheiropleuria bicuspis (Blume) C. Presl

菊花木 豆科
Bauhinia championii (Benth.) Benth.

洋紫荊 豆科
Bauhinia purpurea L.

三裂 **Trifid**

葉先端具有三枚裂片。

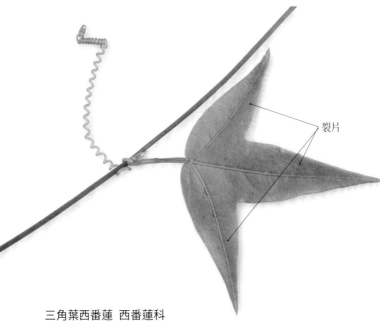

裂片

西番蓮（百香果）西番蓮科
Passiflora edulis Sims

台灣三角楓 無患子科
Acer albopurpurascens Hayata var.
formosanum (Hayata *ex* Koidz.) C. Y.
Tzeng & S. F. Huang

三角葉西番蓮 西番蓮科
Passiflora suberosa L.

多裂 Dissected

葉深裂成許多狹窄的裂片。

裂片

高山破傘菊 菊科
Syneilesis subglabrata (Yamam. & Sasaki) Kitam.

裂片

艾（五月艾）菊科
Artemisia indica Willd.

觀音棕竹 棕櫚科
Rhapis excelsa (Thunb.) A. Henry

全裂 Sected / Divided

裂片明顯，裂口深及葉片基部或葉脈中肋。

裂片

葉脈中肋

田字草 田字草科
Marsilea minuta L.

葉片基部

◀ 掌狀全裂，整體為一單葉。

番仔藤（槭葉牽牛）旋花科
Ipomoea cairica (L.) Sweet

酒瓶椰子 棕櫚科
Hyophorbe amaricaulis Mart.

掌狀裂 Palmatifid

葉片分裂如手掌狀。

胡氏懸鉤子 薔薇科
Rubus hui Diels

台灣掌葉槭 無患子科
Acer palmatum Thunb. var. *pubescens*
H. L. Li

五葉黃連 毛茛科
Coptis quinquefolia Miq.

羽狀裂 Pinnatifid

葉片呈羽毛狀分裂,稱為羽狀裂。

情人菊 菊科
Euryops chrysanthemoides (DC.) B. Nord

拎樹藤 天南星科
Epipremnum pinnatum (L.) Engl. *ex*
Engl. & Kraus

白花小薊 菊科
Cirsium japonicum DC. var. *takaoense*
Kitam.

二回羽狀裂 Bipinnatifid

具有二重羽狀分裂。

毛葉蕨 膜蕨科
Pleuromanes pallidum (Blume) C. Presl

短柄卵果蕨（翅軸假金星蕨）金星蕨科
Phegopteris decursive-pinnata (H. C. Hall) Fée

闊片烏蕨 陵齒蕨科
Sphenomeris biflora (Kaulf.) Tagawa

三回羽狀裂 Tripinnatifid

具有三重羽狀分裂。

厚壁蕨 膜蕨科
Meringium denticulatum (Sw.) Copel.

高山珠蕨 鳳尾蕨科
Cryptogramma brunoniana Wall. *ex* Hook. & Grev.

細葉蓮蕨 膜蕨科
Mecodium polyanthos (Sw.) Copel.

97

單葉 Simple leaf

若葉柄上只著生一枚葉身,且葉柄與葉身之間無關節,是為單葉。植物的葉腋常有腋芽,腋芽的位置有助於識別單葉或複葉。

一枚單葉

腋芽
Axillary bud

流蘇樹 木犀科
Chionanthus retusus Lindl. & Paxt.

梜木 山茱萸科
Swida macrophylla (Wall.) Soják

鬼石櫟 殼斗科
Lithocarpus castanopsisifolius
(Hayata) Hayata

複葉 Compound leaf

一枚葉上具有兩枚以上小葉,小葉之葉腋不具腋芽,是為複葉。複葉主要分為掌狀複葉、羽狀複葉與三出複葉等。

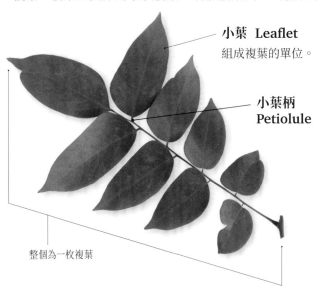

小葉 Leaflet
組成複葉的單位。

小葉柄
Petiolule

整個為一枚複葉

楊桃 酢漿草科
Averrhoa carambola L.

番龍眼 無患子科
Pometia pinnata J. R. Forst. & G. Forst.

野木藍 豆科
Indigofera suffruticosa Mill.

單身複葉 Unifoliate compound leaf

被視為三出複葉的退化類型，兩側小葉不存在，僅留一枚頂生小葉，其基部和葉軸交界處有一關節，葉軸向兩側延展成翅狀，常見於柑橘類植物。

葫蘆茶 豆科
Tadehagi triquetrum (L.) Ohashi
subsp. *pseudotriquetrum* (DC.)
Ohashi

**關節
Articulation /
Joint**

葉軸兩側翅狀

葉軸

柚子 芸香科
Citrus maxima (Burm.) Merr.

柚葉藤 天南星科
Pothos chinensis (Raf.) Merr.

三出複葉 Ternately compound leaf / Trifoliolate leaf / Trifoliolately compound leaf

總葉柄上著生三枚小葉的複葉。

山陀兒 楝科
Sandoricum indicum Cav.

三腳虌草(苗栗崖爬藤) 葡萄科
Tetrastigma bioritsense (Hayata) T. W.
Hsu & C. S. Kuoh

茄冬 葉下珠科
Bischofia javanica Blume

掌狀複葉 Palmately compound leaf / Digitately compound leaf

各小葉集生於總葉柄頂端，呈掌狀展開排列。

洋紅風鈴木 紫葳科
Tabebuia impetiginosa (DC.) Standley.

鵝掌柴（江某、高山鴨腳木）五加科
Schefflera octophylla (Lour.) Harms

鵝掌藤 五加科
Schefflera odorata (Blanco) Merr & Rolfe

羽狀複葉 Pinnately compound leaf

側生各羽片或小葉排列在葉軸上成羽毛狀。依頂小葉的有無或回數可再細分（詳見後列名詞介紹）。

翼柄花椒 芸香科
Zanthoxylum schinifolium Siebold & Zucc.

葉軸 Rachis

葉柄 Petiole

大葉桃花心木 棟科
Swietenia macrophylla King

雙面刺 芸香科
Zanthoxylum nitidum (Roxb.) DC.

奇數羽狀複葉　Odd-pinnately compound leaf / Imparipinnately compound leaf

羽狀複葉之頂端有一頂生小葉，且小葉數目為單數者。

頂小葉　Terminal leaflet

白雞油（光蠟樹）木犀科
Fraxinus griffithii C. B. Clarke

野木藍　豆科
Indigofera suffruticosa Mill.

玉山金梅　薔薇科
Potentilla leuconota D. Don

偶數羽狀複葉　Abruptly pinnate compound leaf / Even-pinnately compound leaf / Paripinnately compound leaf

羽狀複葉之頂端無頂生小葉，且小葉數目為偶數者。

墨水樹　豆科
Haematoxylon campechianum L.

黃連木　漆樹科
Pistacia chinensis Bunge

黃槐　豆科
Senna surattensis (Burm. f.) H. S. Irwin & Barneby

一回羽狀複葉 Unipinnately compound leaf

葉軸兩側不分枝，僅具一列小葉的羽狀複葉。

白絨懸鉤子 薔薇科
Rubus niveus Thunb.

水黃皮 豆科
Pongamia pinnata (L.) Pierre

野核桃 胡桃科
Juglans mandshurica Maxim.

二回羽狀複葉 Bipinnately compound leaf

葉軸的兩側具有羽狀排列的分枝，分枝上著生羽狀排列之小葉。

水芹菜 繖形科
Oenanthe javanica (Blume) DC.

小實孔雀豆 豆科
Adenanthera microsperma Teijsm. & Binn.

鵲不踏(台灣楤木) 五加科
Aralia decaisneana Hance

多回羽狀複葉 Multi-pinnately compound leaf

葉軸兩側具有二回以上的分枝，最末分枝上具有羽狀排列小葉。

南洋杪欏 杪欏科
Cyathea loheri H. Christ

薄葉碎米蕨 鳳尾蕨科
Cheilanthes tenuifolia (Burm. f.) Sw.

南天竹 小檗科
Nandina domestica Thunb.

穿莖 Perfoliate

著生在莖節上的葉或其他構造完全環莖而生，使得莖看似由其中央穿出。

莖穿托葉

串錢草 龍膽科
Canscora lucidissima (H. Lév. &
Vaniot) Hand.-Mazz.

扛板歸 蓼科
Persicaria perfoliata (L.) H. Gross

葉序 Phyllotaxy / Phyllotaxis

葉在莖上或枝上的排列方式。主要可分為互
生、對生、十字對生、輪生、叢生等。

輪生
Whorled

台灣及己 金粟蘭科
Chloranthus oldhamii Solms

互生 Alternate

地錦（爬牆虎） 葡萄科
Parthenocissus dalzielii Gagnep.

叢生
Fasciculate

白水木 紫草科
Tournefortia argentea L. f.

對生 Opposite

紅蕘花 瑞香科
Wikstroemia mononectaria
Hayata

十字對生
Decussate

灰葉蕕 唇形科
Caryopteris incana (Thunb. *ex* Houtt.) Miq.

互生 Alternate

莖的每節僅著生一葉，相鄰節位的葉片會著生在莖的不同側。

白珠樹（冬青油樹）杜鵑花科
Gaultheria cumingiana Vidal

瓜馥木 番荔枝科
Fissistigma oldhamii (Hemsl.) Merr.

柿葉茶茱萸 茶茱萸科
Gonocaryum calleryanum (Baill.) Becc.

對生 Opposite

莖的每一節上生有二葉，分別著生在莖的相對兩側。

杜虹花（台灣紫珠）唇形科
Callicarpa formosana Rolfe

早田草 母草科
Lindernia ruelloides (Colsm.) Pennell

竹柏 羅漢松科
Nageia nagi (Thunb.) Kuntze

十字對生 Decussate

葉對生，但相鄰節位的兩對葉之著生方向彼此垂直。

十字對生 ——

益母草 唇形科
Leonurus japonicus
Houtt.

台灣黃芩 唇形科
Scutellaria taiwanensis C. Y. Wu

金劍草 唇形科
Anisomeles indica (L.) Kuntze

輪生 Whorled

莖節著生三枚以上葉片。

七葉一枝花 黑藥花科
Paris polyphylla Sm.

黑板樹 夾竹桃科
Alstonia scholaria (L.) R. Br.

圓葉豬殃殃 茜草科
Galium formosense Ohwi

叢生 Fasciculate

多枚葉片密集著生於莖上，其節間短縮，不易分辨互生、對生或輪生時，稱之為叢生。

蘭嶼土沉香　大戟科
Excoecaria kawakamii Hayata

白水木　紫草科
Tournefortia argentea L. f.

奧氏虎皮楠　虎皮楠科
Daphniphyllum glaucescens Bl. subsp. *oldhamii* (Hemsl.) Huang

蓮座狀 Rosulate

葉密集著生於（通常短縮的）莖的基部，狀似一朵盛開的蓮花。

茶匙黃　堇菜科
Viola diffusa Ging.

地錢草　報春花科
Androsace umbellata (Lour.) Merr.

石蓮花　景天科
Graptopetalum paraguayense (N.E. Br.) E. Walther

莖生葉 Cauline leaf

著生在莖節上的葉。

著生在莖節

黃花月見草　柳葉菜科
Oenothera glazioviana Micheli

水辣菜（禺毛茛）　毛茛科
Ranunculus cantoniensis DC.

刀傷草　菊科
Ixeridium laevigatum (Blume) J. H.
Pak & Kawano

基生葉 Radical leaf

著生在莖基部的葉片。

基生葉

車前草　車前科
Plantago asiatica L.

佛氏通泉草　通泉草科
Mazus fauriei Bonati

台灣黃鵪菜　菊科
Youngia japonica (L.) DC. subsp.
formosana (Hayata) Kitam.

葉鞘　Leaf sheath

葉片基部或葉柄形成鞘狀，包圍莖的部分。

葉鞘

薏苡　禾本科
Coix lacryma-jobi L.

寶島羊耳蒜　蘭科
Liparis formosana Reichb. f.

月桃　薑科
Alpinia zerumbet (Pers.) B. L.
Burtt & R. M. Sm.

托葉　Stipule

葉柄基部的附屬構造，通常成對著生，為綠色細小或膜質的片狀物，有時呈鱗狀或刺狀。托葉通常先於葉片長出，並於早期起著保護幼葉和芽的作用。托葉有時於葉成長後脫落，某些則宿存或至葉老熟後脫落。

虎婆刺　薔薇科
Rubus croceacanthus H. Lév.

托葉

血桐　大戟科
Macaranga tanarius (L.) Müll. Arg.

恆春鉤藤　茜草科
Uncaria lanosa Wall. var.
appendiculata Ridsdale

109

花 Flower

花是被子植物的生殖器官，完全花是由是由花萼、花冠、雄器和雌器所組成。

羊蹄甲 豆科
Bauhinia variegata L.

花托 Receptacle

位於花梗頂端的膨大構造，其上著生有花萼、花冠、雌蕊和雄蕊。

花冠 Corolla

為一朵花所有的花瓣之合稱。

胚珠 Ovule

受精後發育為種子的構造。

雄器 Androecium

一朵花中所有雄蕊的總稱。

雌器 Gynoecium

一朵花中所有雌蕊的總稱。

花梗 Pedicel

連接單朵花的花托和莖部的柄狀構造。

花瓣 Petal

位於萼片與雄蕊之間，是花朵最明顯的構造，用以吸引傳粉者前來，花瓣通常比萼片大，並且具有鮮明的色彩和多樣的形狀。

花萼 Calyx

一朵花所有的萼片之合稱。

萼片 Sepal

位於花的最外輪，通常為綠色，形狀像花瓣或葉片。

花藥 Anther

著生於花絲頂端，可產生並儲存花粉的膨大構造。

柱頭 Stigma

雌蕊頂端接受花粉的部份，通常表面毛狀，或光滑而在成熟時會分泌黏液。

花柱 Style

雌蕊中連接柱頭與子房的柱狀構造。

子房 Ovary

雌蕊基部膨大的部位，是形成果實並孕育種子的構造。

花絲 Filament

雄蕊用來支撐花藥的絲狀構造。

雄蕊 Stamen

為植物之雄性生殖器官，包括花絲及花藥兩部分，花粉則存在花藥中。

雌蕊 Pistil

植物的雌性生殖器官，將來可發育成果實，通常位於花的中央部位。其基本構造包括基部膨大的子房、長在子房上的細長花柱，及花柱頂端的柱頭。

完全花 Complete flower

具有花萼、花冠、雄蕊和雌蕊的花。

羊蹄甲 豆科
Bauhinia variegata L.

阿里山櫻花 薔薇科
Prunus transarisanensis Hayata

木槿 錦葵科
Hibiscus syriacus L.

不完全花 Incomplete flower

缺少花萼、花冠、雄蕊或雌蕊中任何一種構造的花。

雄花(缺少雌蕊)

雌花(缺少雄蕊)

圓果秋海棠 秋海棠科
Begonia longifolia Blume

毛玉葉金花 茜草科
Mussaenda pubescens W. T. Aiton

褐毛柳 楊柳科
Salix fulvopubescens Hayata

單性花 Unisexual flower / Imperfect flower

花構造中僅有雄蕊或雌蕊，或僅有其中之一發育完全，成為雄花或雌花。

雌花 Female flower
花構造中僅有雌蕊發育完全者

雄花 Male flower
花構造中僅有雄蕊發育完全者

長序木通（台灣木通） 木通科
Akebia longeracemosa Matsum.

玉山柳 楊柳科
Salix taiwanalpina Kimura var. *morrisonicola* (Kimura) K. C. Yang & T. C. Huang

鬼石櫟 殼斗科
Lithocarpus castanopsisifolius (Hayata) Hayata

兩性花 Bisexual flower / Perfect flower / Hermaphroditic flower

一朵花中兼具有雄蕊、雌蕊，且兩者均發育完全。

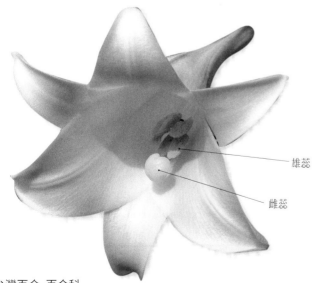

雄蕊

雌蕊

台灣百合 百合科
Lilium longiflorum Thunb. var. *formosanum* Baker

穗花棋盤腳（水茄苳） 玉蕊科
Barringtonia racemosa (L.) Blume *ex* DC.

小白頭翁 毛茛科
Anemone vitifolia Buch.-Ham. *ex* DC.

雜性花 Polygamous

一株植物上兼具單性花及兩性花者。

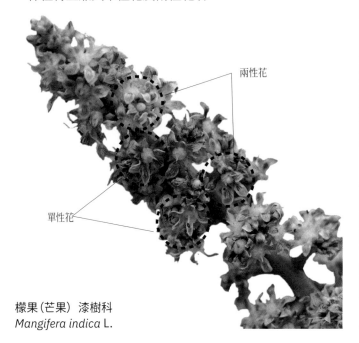

兩性花

單性花

檬果（芒果）漆樹科
Mangifera indica L.

台灣前胡 繖形科
Peucedanum formosanum Hayata

三葉山芹菜 繖形科
Sanicula lamelligera Hance

無性花 / 中性花 / 不育花 / 不孕花
Neutral flower / Sterile flower

花構造中雄蕊和雌蕊均發育不全者。

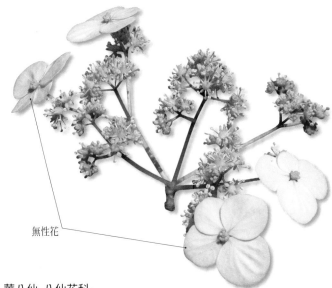

無性花

華八仙 八仙花科
Hydrangea chinensis Maxim.

台灣草紫陽花 八仙花科
Cardiandra alternifolia Sieb. Zucc.

繡球花（紫陽花）八仙花科
Hydrangea macrophylla (Thunb.) Ser.

雌雄同株 Monoecious

一株植物上，具雄花、雌花兩種單性花同生者。

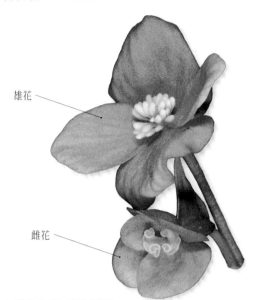

雄花

雌花

附屬物

雄花

不育花

雌花

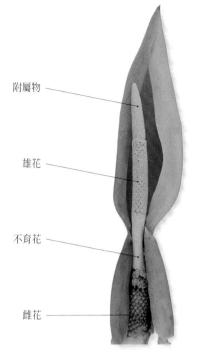

南台灣秋海棠 秋海棠科
Begonia austrotaiwanensis Y. K. Chen & C. I Peng

姑婆芋 天南星科
Alocasia odora (Lodd.) Spach.

雌雄異株 Dioecious

雄花和雌花兩種單性花分生於不同株植物上者。

雌株

雄株

構樹 桑科（雌）
Broussonetia papyrifera (L.) L'Her. *ex*
Vent.

構樹 桑科（雄）
Broussonetia papyrifera (L.) L'Hér. *ex*
Vent.

厚葉柃木 五列木科
Eurya glaberrima Hayata

輻射對稱花 / 整齊花
Actinomorphic flower / Regular flower

一朵花的所有構造都呈輻射狀排列。

西番蓮（百香果）西番蓮科
Passiflora edulis Sims

台灣嗩吶草 虎耳草科
Mitella formosana (Hayata) Masam.

阿里山龍膽 龍膽科
Gentiana arisanensis Hayata

兩側對稱花 / 不整齊花
Zygomorphic flower / Irregular flower

一朵花只有一條對稱軸，僅從一個方向分割，才會對稱。

台灣烏頭 毛茛科
Aconitum fukutomei Hayata

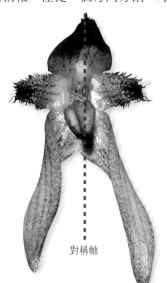

對稱軸

毛藥捲瓣蘭（溪頭捲瓣蘭）蘭科
Bulbophyllum omerandrum Hayata

瓜子金 遠志科
Polygala japonica Houtt.

花被片 Tepal / Perianth segment

萼片及花瓣相似，難以區分（無明顯分化）時，合稱為花被（Perianth），單片稱為花被片。

花被片

台灣百合 百合科
Lilium longiflorum Thunb. var. *formosanum* Baker

台灣寶鐸花 秋水仙科
Disporum kawakamii Hayata

台灣胡麻花 黑藥花科
Heloniopsis umbellata Baker

離瓣花 Polypetalous flower / Choripetalous flower / Dialypetalous flower / Apopetalous flower

一朵花的每一片花瓣各自分離。

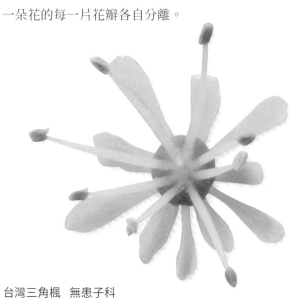

台灣三角楓 無患子科
Acer albopurpurascens Hayata var. *formosanum* (Hayata *ex* Koidz.) C. Y. Tzeng & S. F. Huang

阿里山卷耳 石竹科
Cerastium arisanensis Hayata

大葉南蛇藤 衛矛科
Celastrus kusanoi Hayata

十字形 Cruciform / Cruciate / Cross-shaped

花瓣四瓣，排列為十字形，常見於十字花科植物。

山葵 十字花科
Eutrema japonica (Miq.) Koidz.

十字形

水丁香 柳葉菜科
Ludwigia octovalvis (Jacq.) P.H. Raven

焊菜（葶菜） 十字花科
Cardamine flexuosa With.

蝶形 Papilionaceous

外觀像蝴蝶，由上方的旗瓣、兩側的翼瓣以及下方的龍骨瓣所構成。

旗瓣 Banner / Standard / Vexillum
蝶形花冠上方的一枚花瓣。

龍骨瓣 Keel
蝶形花冠位於下方的二枚花瓣。通常部分癒合，狀如龍骨。

翼瓣 Wing / Alae
蝶形花冠位於兩側的二枚花瓣。

山珠豆 豆科
Centrosema pubescens Benth.

濱豇豆 豆科
Vigna marina (Burm.) Merr.

小葉魚藤 豆科
Millettia pulchra (Benth.) Kurz. var. *microphylla* Dunn

合瓣花 Sympetalous flower / Synpetalous flower / Gamopetalous flower

一朵花所有的花瓣至少基部癒合。

合瓣花

白珠樹（冬青油樹）杜鵑花科
Gaultheria cumingiana Vidal

黑斑龍膽 龍膽科
Gentiana scabrida Hayata var. *punctulata* S. S. Ying

台灣泡桐 泡桐科
Paulownia × taiwaniana T. W. Hu & H. J. Chang

管狀 / 筒狀 Tubular

花冠的大部分呈管狀或圓筒狀者。

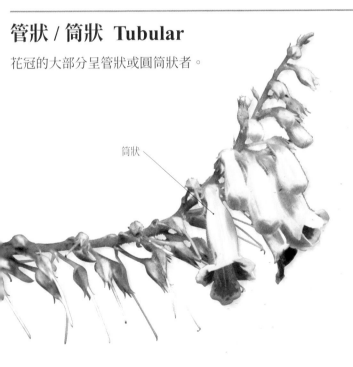

筒狀

蜜蜂花（山薄荷、蜂草）唇形科
Melissa axillaris Bakh. f.

俄氏草（台閩苣苔）苦苣苔科
Titanotrichum oldhamii (Hemsl.) Soler.

無刺伏牛花 茜草科
Damnacanthus angustifolius Hayata

壺狀 Urceolate / Urn-shaped

花冠筒中央膨大，先端縊縮而呈壺狀或甕狀。

壺狀

台灣馬醉木 杜鵑花科
Pieris taiwanensis Hayata

高山白珠樹 杜鵑花科
Gaultheria itoana Hayata

高山越橘 杜鵑花科
Vaccinium merrillianum Hayata

高杯狀 Salverform / Salver-shapd

花冠筒細長，先端裂片平展為一平面。

高杯狀

紅蕘花 瑞香科
Wikstroemia mononectaria Hayata

台灣念珠藤 夾竹桃科
Alyxia taiwanensis S. Y. Lu & Yuen P. Yang

細梗絡石 夾竹桃科
Trachelospermum asiaticum (Siebold
& Zucc.) Nakai

鐘狀 Campanulate

花冠筒寬闊而稍短，先端擴大，形狀像鐘一般。

台灣杜鵑 杜鵑花科
Rhododendron formosanum Hemsl.

鐘狀

薄葉蜘蛛抱蛋 天門冬科
Aspidistra attenuata Hayata

高山沙參 桔梗科
Adenophora morrisonensis Hayata subsp. *uehatae* (Yamam.)
Lammers

輪狀 Rotate

外形像車輪，花冠筒短，
花冠裂片向外輻射擴展。

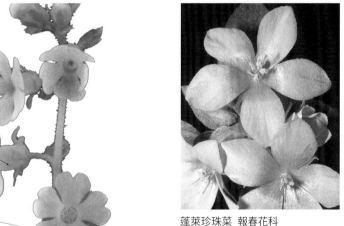

花冠筒 Corolla tube
合瓣花的花冠基部癒合為
筒狀的部分

花冠裂片 Corolla lobe
合瓣花的花冠先端，花瓣
分離的部位。

蓬萊珍珠菜 報春花科
Lysimachia remota Petitm.

施丁草 報春花科
Stimpsonia chamaedryoides C.
Wright *ex* A. Gray

龍葵 茄科
Solanum nigrum L.

121

唇形 **Labiate / Bilabiate**

花冠筒先端深裂為上下二片，狀似兩唇。

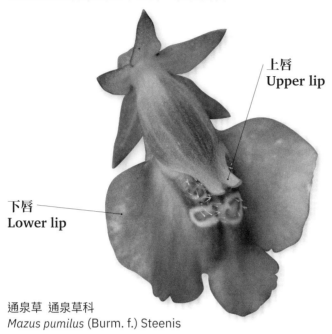

上唇
Upper lip

下唇
Lower lip

光風輪（塔花）唇形科
Clinopodium gracile (Benth.) Kuntze

通泉草 通泉草科
Mazus pumilus (Burm. f.) Steenis

大安水蓑衣 爵床科
Hygrophila pogonocalyx Hayata

漏斗狀 **Funnelform / Funnel-shaped / Infundibuliform**

各花瓣彼此相連，花冠筒下部為筒狀，向上逐漸擴大，整體呈漏斗狀。

番仔藤（槭葉牽牛）旋花科
Ipomoea cairica (L.) Sweet

馬鞍藤 旋花科
Ipomoea pes-caprae (L.) R. Br. subsp. *brasiliensis* (L.) Oostst.

菜欒藤 旋花科
Merremia gemella (Burm. f.) Hallier f.

蘭花 Orchid flower

蘭科植物花的構造，主要包括外輪的三枚萼片、內輪的三枚花瓣，以及蕊柱等部位。其中兩枚花瓣常與萼片的形狀及大小相似，第三枚則為特化的唇瓣。

紅盔蘭 蘭科
Corybas taiwanensis T. P. Lin & S. Y. Leu

蕊柱 Column
蘭科植物中，雄蕊及雌蕊合生之構造。

唇瓣 Labellum / Lip
蘭科植物的花中特化的一枚花瓣，通常較另外兩枚花瓣大，且形狀與顏色不同。

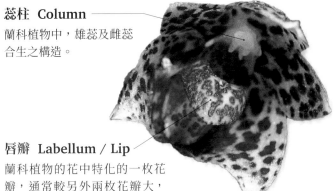

溪頭豆蘭 蘭科
Bulbophyllum griffithii (Lindl.) Rchb. f.

紅鶴頂蘭 蘭科
Phaius tankervilleae (Banks ex L'Her.) Blume

小穗 Spikelet

禾本科的花序單元，一個小穗通常包括穎、稃及其他花部構造。

小花 Floret
單一小穗內位於外穎及內穎之上的花稱之，通常具有內、外稃、鱗被、雄蕊及雌蕊。

小穗軸 Rachilla
小穗內著生小花和穎的軸

外穎 Lower glume
位於小穗最下方的苞片

基盤 Callus
小穗基部至小穗柄相連處，或小花基部至小穗軸相連處，常膨大或堅硬的構造。

小穗柄 Pedicel
連結小穗與穗軸的構造

內稃 Palea
緊接於外稃之上的另一片苞片

內穎 Upper glume
緊接於外穎之上的苞片

鱗被 Lodicule
小花內位於內稃之上，鱗片狀的構造，通常為 2 枚。

芒 Awn
通常由外稃或穎之頂端或背面延伸出的小剛毛狀構造

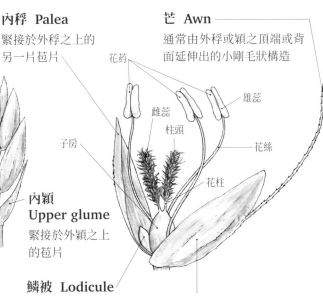

花藥
雄蕊
雌蕊
柱頭
花絲
子房
花柱

外稃 Lemma
單一小花最外層的苞片

副花冠 Corona

有些植物的花，在雄蕊和花瓣間存在的瓣狀或冠狀結構稱之為副花冠。

副花冠

牛皮消 夾竹桃科
Cynanchum atratum Bunge

華他卡藤 夾竹桃科
Dregea volubilis (L. f.) Benth. *ex* Hook. f.

毬蘭 夾竹桃科
Hoya carnosa (L. f.) R. Br.

距 Spur / Calcar

花被片基部延伸形成的囊狀或管狀構造，內常有蜜。

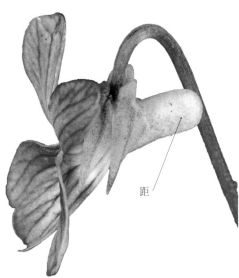

距

黃花鳳仙花 鳳仙花科
Impatiens tayemonii Hayata

小菫菜 菫菜科
Viola inconspicua Blume subsp. *nagasakiensis* (W. Becker)
J.C. Wang & T.C. Huang

長距根節蘭 蘭科
Calanthe sylvatica (Thouars) Lindl.

蜜源標記 / 蜜源導引 Nectar guides

引導傳粉者注意蜜腺位置的線條或斑點，有些在紫外光下
才可見或更明顯。

紫花鳳仙花　鳳仙花科
Impatiens uniflora Hayata

玉山龍膽　龍膽科
Gentiana scabrida Hayata

玉山杜鵑　杜鵑花科
Rhododendron pseudochrysanthum Hayata

花托筒 / 托杯 Hypanthium

花軸的杯狀延伸，通常由花萼、花冠和雄蕊的基部聯合而
成，常包圍或包裹雌蕊。

李　薔薇科
Prunus salicina Lindl.

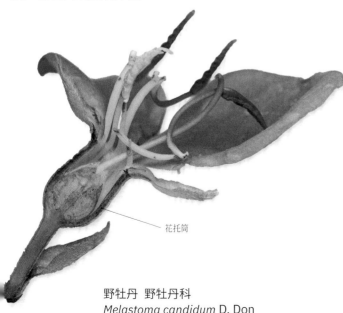

花托筒

野牡丹　野牡丹科
Melastoma candidum D. Don

台灣石楠　薔薇科
Photinia serratifolia (Desf.) Kalkman

心皮　Carpel

心皮是構成雌蕊的單位，由葉演化而來，雌蕊可由單心皮、雙心皮、三心皮或多心皮組成。
心皮葉緣捲合處稱為腹縫線，此為胚珠和胎座著生處，相對的另一側折線稱為背縫線。

**單心皮　Monocarpellate /
Monocarpous / Unicarpellate /
Unicarpellous / Stylodious**

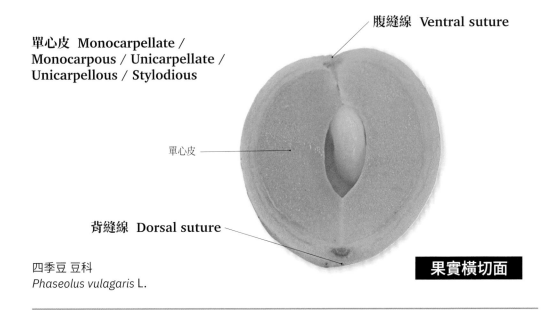

腹縫線　Ventral suture

單心皮

背縫線　Dorsal suture

果實橫切面

四季豆 豆科
Phaseolus vulagaris L.

雙心皮　Bicarpellate / Bicarpellary

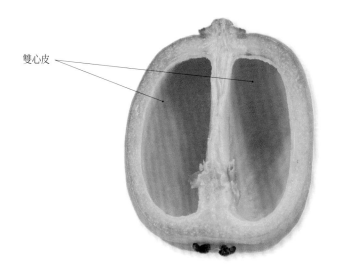

雙心皮

果實縱切面

水芹菜 繖形科
Oenanthe javanica (Blume) DC.

三心皮　Tricarpellate / Tricarpellary

三心皮

丫蕊花　黑藥花科
Ypsilandra thibetica Franch.

多心皮　Polycarpous

多心皮

五葉黃連　毛茛科
Coptis quinquefolia Miq.

子房 Ovary

雌蕊基部膨大的部位，是形成果實並孕育種子的構造。又可分為單室子房、多室子房、離生心皮子房及合生心皮子房等。

單室子房 Unilocular ovary / Monolocular ovary

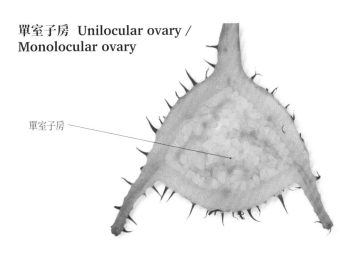

單室子房

捲毛秋海棠　秋海棠科
Begonia cirrosa L. B. Sm. & Wassh.

三室子房 Trilocular ovary

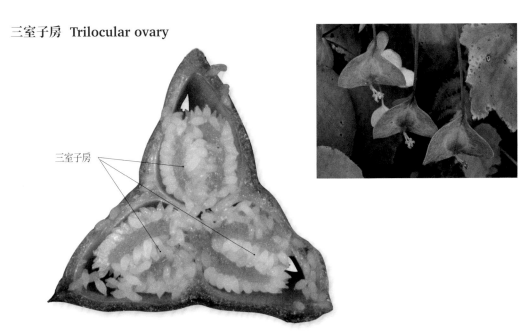

三室子房

岩生秋海棠　秋海棠科
Begonia ravenii C. I Peng & Y. K. Chen

離生心皮子房 Apocarpous ovary

離生心皮子房

鹿場毛茛 毛茛科
Ranunculus taisanensis Hayata

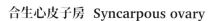

合生心皮子房 Syncarpous ovary

合生心皮子房

高山當藥 龍膽科
Swertia tozanensis Hayata

上位花 Epigynous flower

花萼、花冠、雄蕊均著生於子房先端者。

台灣一葉蘭 蘭科
Pleione bulbocodioides (Franch.)
Rolfe

子房

坪林秋海棠 秋海棠科
Begonia pinglinensis C. I Peng

尖瓣花 密穗桔梗科
Sphenoclea zeylanica Gaertn.

下位花 Hypogynous flower

花萼、花冠、雄蕊都著生於子房基部或下方。

梅花草 衛矛科
Parnassia palustris L.

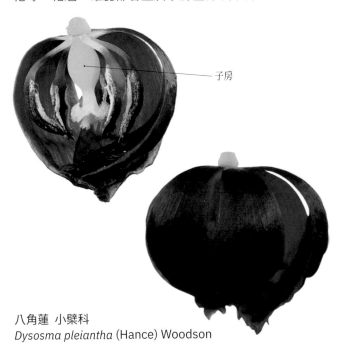

子房

八角蓮 小檗科
Dysosma pleiantha (Hance) Woodson

玉山金絲桃 金絲桃科
Hypericum nagasawae Hayata

周位花 Perigynous flower

具有由花萼、花冠、雄蕊群基部癒合而形成的花托筒（hypanthium），且花托筒沒有完全與子房壁癒合至無法分辨的狀態，這樣的花稱之為周位花。

子房

紫薇 千屈菜科
Lagerstroemia indica L.

大花紫薇 千屈菜科
Lagerstroemia speciosa (L.) Pers.

刺莓 薔薇科
Rubus rosifolius Sm.

邊緣胎座 Marginal placentation

單一心皮的腹縫線上著生胚珠。

雌蕊縱切面

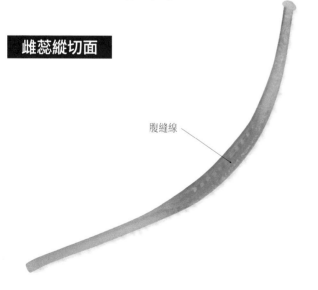

腹縫線

蛺蝶花 豆科
Caesalpinia pulcherrima (L.) Sw.

羊蹄甲 豆科
Bauhinia variegata L.

菊花木 豆科
Bauhinia championii (Benth.) Benth.

中軸胎座 Axile placentation

多室子房的各心皮合生且向內彎曲形成膈膜，各心皮之腹縫線癒合形成中軸，胚珠著生其上。

五指茄 茄科
Solanum mammosum L.

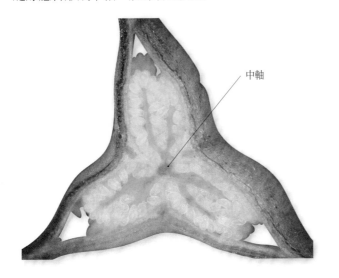

中軸

狗骨仔 茜草科
Tricalysia dubia (Lindl.) Ohwi

四季秋海棠 秋海棠科
Begonia cucullata Willd.

子房橫切面

側膜胎座 Parietal placentation

相鄰心皮的腹縫線上著生胎座與胚珠。

子房橫切面

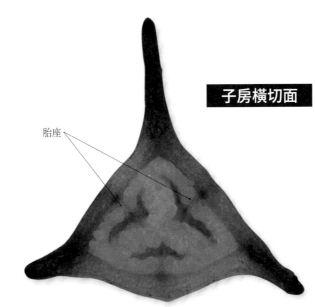

胎座

胭脂樹 胭脂樹科
Bixa orellana L.

鐵十字秋海棠 秋海棠科
Begonia masoniana Irmsch. *ex* Ziesenh.

小水玉簪 水玉簪科
Gymnosiphon aphyllus Blume

獨立中央胎座 Free-centeral placentation

胚珠著生在單室子房中央直立柱狀構造上。

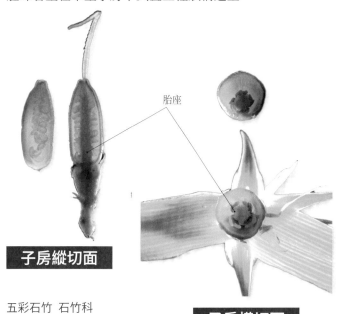

胎座

子房縱切面

子房橫切面

五彩石竹 石竹科
Dianthus chinensis L.

玉山蠅子草 石竹科
Silene morrisonmontana (Hayata)
Ohwi & H. Ohashi

荷蓮豆草 石竹科
Drymaria diandra Blume

基生胎座 Basal placentation

單室子房的基部著生胚珠。

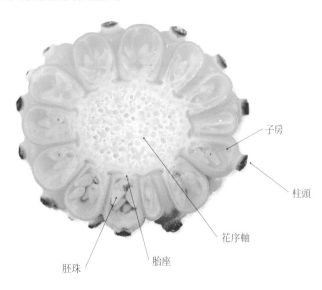

子房

柱頭

花序軸

胎座

胚珠

姑婆芋 天南星科
Alocasia odora (Lodd.) Spach.

花序橫切面

長行天南星 天南星科
Arisaema consanguineum Schott

鱧腸 菊科
Eclipta prostrata (L.) L.

133

離生雄蕊　Apostemonous

一朵花裡的雄蕊彼此分離。

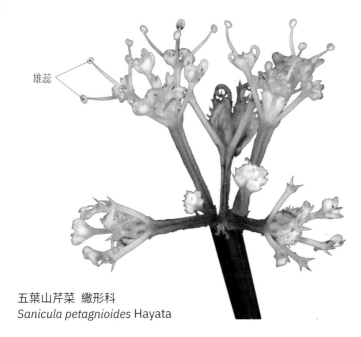

雄蕊

五葉山芹菜　繖形科
Sanicula petagnioides Hayata

毛茛　毛茛科
Ranunculus japonicus Thunb.

穗花八寶（穗花佛甲草）景天科
Sedum subcapitatum Hayata

單體雄蕊　Monadelphous stamens

雄蕊的花絲合生為雄蕊筒，包圍繞著雌蕊。

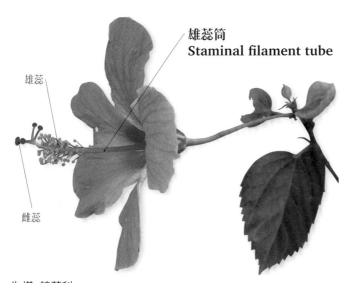

**雄蕊筒
Staminal filament tube**

雄蕊

雌蕊

朱槿　錦葵科
Hibiscus rosa-sinensis L.

山芙蓉　錦葵科
Hibiscus taiwanensis S. Y. Hu

美人樹　錦葵科
Ceiba speciosa (A. St.-Hil.) Ravenna

二體雄蕊　Diadelphous stamens

雄蕊的花絲聯合形成數目不等的兩束雄蕊。

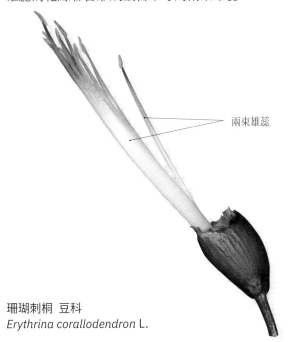

兩束雄蕊

波葉山螞蝗 豆科
Desmodium sequax Wall.

煉莢豆 豆科
Alysicarpus vaginalis (L.) DC.

珊瑚刺桐 豆科
Erythrina corallodendron L.

多體雄蕊　Polyadelphous stamens

具多束彼此離生的雄蕊束。

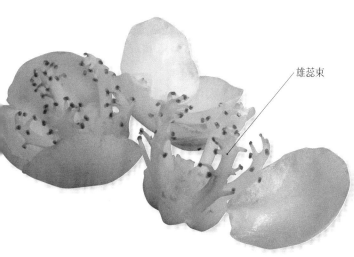

雄蕊束

福木 藤黃科
Garcinia multiflora Champ.

菲島福木 藤黃科
Garcinia subelliptica Merr.

馬拉巴栗 錦葵科
Pachira glabra Pasq.

二強雄蕊 Didynamous stamens

雄蕊四枚，兩長兩短。

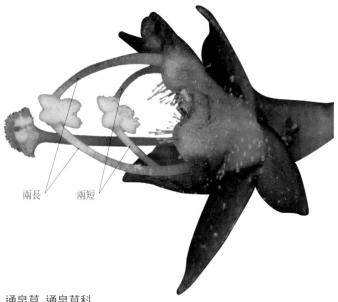

兩長　兩短

通泉草　通泉草科
Mazus pumilus (Burm. f.) Steenis

紫萼蝴蝶草（長梗花蜈蚣）母草科
Torenia violacea (Azaola *ex* Blanco) Pennell

哈哼花　爵床科
Staurogyne concinnula (Hance) Kuntze

四強雄蕊 Tetradynamous stamens

雄蕊六枚，四長兩短。

四長

兩短

山葵　十字花科
Eutrema japonica (Miq.) Koidz.

濱萊菔　十字花科
Raphanus sativus L. f.
raphanistroides Makino

基隆筷子芥　十字花科
Arabis stelleris DC.

聚葯雄蕊　Syngenesious stamens

雄蕊的花絲分離，但花藥合生。

中原氏鬼督郵　菊科
Ainsliaea secundiflora Hayata

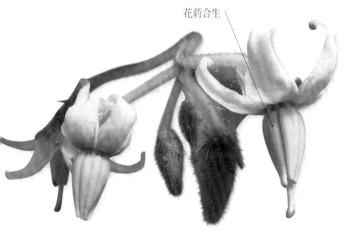

花藥合生

燈豎杇　菊科
Elephantopus scaber L.

刺茄　茄科
Solanum capsicoides All.

基著葯　Basifixed anther

花藥的基部著生於花絲頂端。

大頭茶　茶科
Gordonia axillaris (Roxb.) Dietr.

基部著生

厚皮香　五列木科
Ternstroemia gymnanthera (Wight &
Arn.) Sprague

阿勃勒　豆科
Cassia fistula L.

背著葯 Dorsifixed anther

花葯的背部著生於花絲頂端。

背著葯

大籽當藥（戀大當藥）龍膽科
Swertia macrosperma (C. B. Clarke) C. B. Clarke

日本山茶 茶科
Camellia japonica L.

台灣杜鵑 杜鵑花科
Rhododendron formosanum Hemsl.

丁字著葯 Versatile anther

花葯的背部以近乎垂直的角度著生在花絲頂端，僅在花
絲頂點相連。

丁字著葯

豔紅百合（豔紅鹿子百合）百合科
Lilium speciosum Thunb. var. *gloriosoides* Baker

孤挺花（朱頂紅）石蒜科
Hippeastrum hybridum Hort.

蔥蘭 石蒜科
Zephyranthes candida (Lindl.) Herb.

縱裂 Longitudinal dehiscence

花藥沿縱軸方向的縫開裂。

花藥縱裂

出雲山秋海棠　秋海棠科
Begonia chuyunshanensis C. I Peng & Y. K. Chen

牛軛草　鴨跖草科
Murdannia loriformis (Hassk.) R.S.
Rao & Kammathy

綿棗兒　天門冬科
Barnardia japonica (Thunb.) Schult.
& Schult. f.

橫裂 Transverse dehiscence

花藥沿著橫軸的方向開裂。

橫裂

水晶蘭　杜鵑花科
Cheilotheca humilis (D. Don) H. Keng

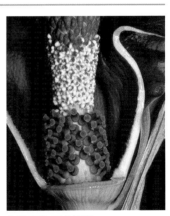

台灣魔芋　天南星科
Amorphophallus henryi N. E. Br.

朱槿　錦葵科
Hibiscus rosa-sinensis L.

花

孔裂 Porous dehiscence / Poricidal dehiscence

藥室頂部或近頂部開一小孔，花粉由此孔狀開裂處散出。

棲蘭山杜鵑 杜鵑花科
Rhododendron chilanshanense
Kurashige

著生杜鵑（黃花著生杜鵑） 杜鵑花科
Rhododendron kawakamii Hayata

孔裂

桔梗蘭 刺葉樹科
Dianella ensifolia (L.) DC.

瓣裂 Valvular dehiscence

藥室有一至四個活板狀瓣，當雄蕊成熟時，瓣才掀開，花粉由開裂孔散出，常見於樟科植物。

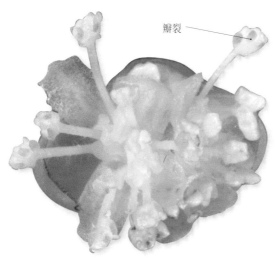

瓣裂

黃肉樹（小梗木薑子） 樟科
Litsea hypophaea Hayata

霧社木薑子 樟科
Litsea elongata (Wall. *ex* Nees) Benth. & Hook. f. var.
mushaensis (Hayata) J. C. Liao

山胡椒 樟科
Litsea cubeba (Lour.) Persoon

花粉 Pollen

顯花植物由花藥內花粉母細胞減數分裂形成的小孢子。

花粉塊 Pollinium

大部分蘭科及某些夾竹桃科植物之花粉粒集結
成蠟質的團塊，共同成為傳粉的單位。

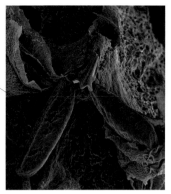

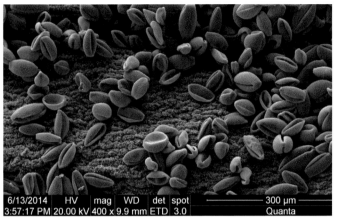

斑葉毬蘭 夾竹桃科
Hoya carnosa 'Variegata'

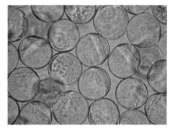

文殊蘭（文珠蘭）石蒜科
Crinum asiaticum L.

蘇鐵 蘇鐵科
Cycas revoluta Thunb.

花葶 Scape

（無莖植物）從地表抽出的
無葉之花梗或花序梗。

台灣胡麻花 黑藥花科
Heloniopsis umbellata Baker

山菊 菊科
Farfugium japonicum (L.) Kitam.

台灣款冬 菊科
Petasites formosanus Kitam.

苞片 Bract

一朵花或一個花序上的特化葉片，通常著生於花梗基部或
花序分枝基部，具有保護花芽的功能。

玉蜂蘭 蘭科
Habenaria ciliolaris F. Kranzl.

小苞片 Bracteole

小的苞片，通常為次生的。

鐵莧菜 大戟科
Acalypha australis L.

島田氏月桃 薑科
Alpinia shimadae Hayata

總苞 Involucre

多枚苞片聚生，包被於一朵花或一個花序的基部。

總苞片
Phyllary / Involucral bract

菊科植物的總苞片特稱為 phyllary。

法國菊 菊科
Leucanthemum vulgare H. J. Lam.

副萼 Epicalyx

一朵花的花萼之外的一輪
苞片，狀似次生花萼。

蕺菜（臭腥草、魚腥草）三白草科
Houttuynia cordata Thunb.

山芙蓉 錦葵科
Hibiscus taiwanensis S. Y. Hu

頂生 Terminal

著生於枝條先端。

玉山石竹 石竹科
Dianthus pygmaeus Hayata

高山藤繡球 八仙花科
Hydrangea aspera D. Don

台灣龍膽 龍膽科
Gentiana davidii Franch. var. *formosana* (Hayata) T. N. Ho

腋生 Axillary

著生於葉腋。

台灣小檗 小檗科
Berberis kawakamii Hayata

葉腋 Axil
葉上表面與莖接觸的位置，
通常為腋芽著生處。

密毛冬青（密毛假黃楊）冬青科
Ilex pubescens Hook. & Arn.

秀柱花 金縷梅科
Eustigma oblongifolium Gardn. &
Champ.

小花 Floret

密集著生花序中的單一朵花，例如禾本科小穗中的一朵花，或菊科頭狀花序中的管狀及舌狀小花。

白茅 禾本科
Imperata cylindrica (L.) P. Beauv. var. *major* (Nees) C. E. Hubb. *ex* Hubb. & Vaughan

管狀花

舌狀花
Ligulate flower
花冠基部成一短筒，先端偏向一邊展開成舌狀的花。

台灣山菊 菊科
Farfugium japonicum (L.) Kitam. var. *formosanum* (Hayata) Kitam.

小白花鬼針 菊科
Bidens pilosa L. var. *minor* (Blume) Sherff

花序 Inflorescence

花排列及生長的方式。

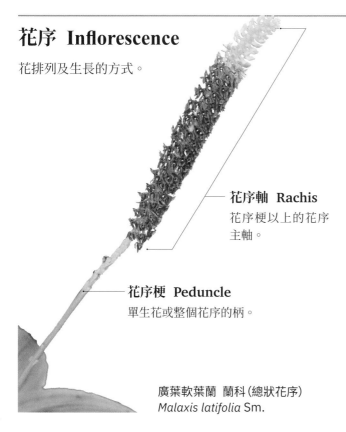

花序軸 **Rachis**
花序梗以上的花序主軸。

花序梗 **Peduncle**
單生花或整個花序的柄。

廣葉軟葉蘭 蘭科 (總狀花序)
Malaxis latifolia Sm.

大葉海桐 海桐科 (圓錐花序)
Pittosporum daphniphylloides Hayata

玉山鹿蹄草 杜鵑花科 (總狀花序)
Pyrola morrisonensis (Hayata) Hayata

無限花序 Indeterminate inflorescence

單軸生長的花序，其頂芽不形
成花朵（常能持續生長延伸）
而由側芽形成花朵，花的開放
順序為由花軸基部向先端或由
外向內。

開花的順序

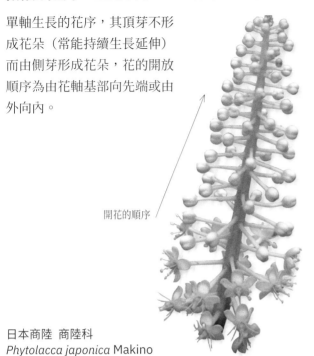

日本商陸 商陸科
Phytolacca japonica Makino

阿勃勒 豆科
Cassia fistula L.

蓮花池山龍眼 山龍眼科
Helicia rengetiensis Masam.

有限花序 Determinate inflorescence

合軸生長的花序，其頂芽形成一朵頂生花，再由側芽產生
側生花朵或花序分枝，花的開放順序為由花軸先端向基部
或由內向外（中間的花先開）。

開花的順序

玉山卷耳 石竹科
Cerastium trigynum Vill. var.
morrisonense (Hayata) Hayata

海檬果 夾竹桃科
Cerbera manghas L.

密花苧麻 蕁麻科
Boehmeria densiflora Hook. & Arn.

總狀花序 Raceme

花軸上互生多朵有梗的小花，由基部往先端開放，花軸不分枝。

開花的順序

花序軸

花梗

珊瑚刺桐 豆科
Erythrina corallodendron L.

穗花棋盤腳（水茄苳）玉蕊科
Barringtonia racemosa (L.)
Blume *ex* DC.

兔尾草 豆科
Uraria crinita (L.) Desv.
ex DC.

圓錐花序 Panicle

總狀花序之花軸有兩次以上之分枝，整個花序形成一圓錐形，又稱複總狀花序。

武威山枇杷 薔薇科
Eriobotrya deflexa (Hemsl.) Nakai f. *buisanensis*
(Hayata) Nakai

豬腳楠（紅楠）樟科
Machilus thunbergii Siebold & Zucc.

高梁泡 薔薇科
Rubus lambertianus Ser. *ex* DC.

穗狀花序 Spike

許多無梗的小花排列於一不分枝的總花軸上，構成花穗。

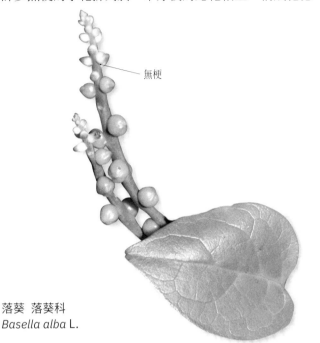

無梗

長穗木 馬鞭草科
Stachytarpheta urticifolia (Salisb.)
Sims

蠍子草 蕁麻科
Girardinia diversifolia (Link) Friis

落葵 落葵科
Basella alba L.

柔荑花序 Catkin / Ament

由許多無花梗的單性花（雄
花為主）所構成的穗狀花
序，花序總軸柔軟而下垂
（或少數直立），雄花序成
熟後整個掉落，主要見於風
媒花植物。

構樹 桑科
Broussonetia papyrifera (L.) L'Her. *ex*
Vent.

鬼石櫟 殼斗科
Lithocarpus castanopsisifolius
(Hayata) Hayata

水柳 楊柳科
Salix warburgii Seemen

147

佛焰花序 / 肉穗花序 Spadix

總軸肥厚的穗狀花序，花序外側有一大型總苞，稱為佛焰苞。

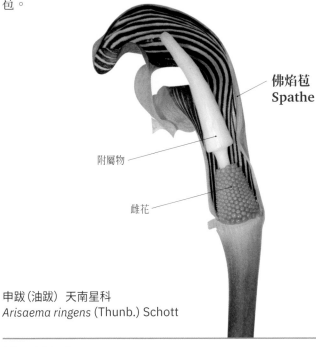

佛焰苞 Spathe

附屬物

雌花

申跋（油跋） 天南星科
Arisaema ringens (Thunb.) Schott

長行天南星 天南星科
Arisaema consanguineum Schott

毛筆天南星 天南星科
Arisaema grapsospadix Hayata

繖房花序 Corymb

總狀花序的變形，花軸下部的小花花梗較上部小花的花梗為長，整個花序頂端成一平臺狀。

馬櫻丹 馬鞭草科
Lantana camara L.

太魯閣石楠 薔薇科
Photinia serratifolia (Desf.)
Kalkman var. *daphniphylloides*
(Hayata) L.T. Lu

台灣繡線菊 薔薇科
Spiraea formosana Hayata

繖形花序　Umbel

小花有梗，且花梗接近等長，共同由花序軸頂端生出，形如張開的傘。

阿里山天胡荽 五加科
Hydrocotyle setulosa Hayata

台灣樹參 五加科
Dendropanax dentiger (Harms *ex* Diels) Merr.

阿里山菝葜 菝葜科
Smilax arisanensis Hayata

複繖形花序　Compound umbel

由許多繖形花序聚合成複繖狀。

玉山當歸 繖形科
Angelica morrisonicola Hayata

台灣樹參 五加科
Dendropanax dentiger (Harms ex Diels) Merr.

芫荽 繖形科
Coriandrum sativum L.

頭狀花序 Capitulum / Head

許多無梗或近似無梗的小花,密集著生在一個短縮的總花托上,構成頭狀體者。

風箱樹 茜草科
Cephalanthus naucleoides DC.

頭狀花序

向日葵 菊科
Helianthus annuus L.

總花托
Receptacle

漏盧 菊科
Echinops grijsii Hance

隱頭花序 Hypanthodium

無限花序的一種,花軸頂端的總花托膨大成肉質狀,中央凹陷呈囊狀,小花聚生於囊狀構造的內壁上。

縱剖面 ▶

小花

總花托

隱頭花序

薜荔 桑科
Ficus pumila L.

愛玉子 桑科
Ficus pumila L. var. *awkeotsang*
(Makino) Corner

台灣天仙果(羊奶頭) 桑科
Ficus formosana Maxim.

聚繖花序 Cyme

為一有限花序，花軸頂端著生三朵小花，開花時由中央的
小花向外漸次開放。

坪林秋海棠 秋海棠科
Begonia pinglinensis C. I Peng

巴氏鐵線蓮 毛茛科
Clematis parviloba Gard. *ex*
Champ. subsp. bartlettii
(Yamam.) T.T.A. Yang T.C. Huang

高山鐵線蓮 毛茛科
Clematis tsugetorum Ohwi

複聚繖花序 Compound cyme

聚繖花序的花軸分枝上再著
生小聚繖花序。

流蘇樹 木犀科
Chionanthus retusus Lindl. & Paxt.

台灣厚距花 野牡丹科
Medinilla taiwaniana Y. P. Yang & H.Y. Liu

串鼻龍 毛茛科
Clematis grata Wall.

151

大戟花序 / 杯狀聚繖花序 Cyathium

包括一個鐘形肥厚的總苞，其上具蜜腺，內生數朵雄花及一朵雌花，為特殊之聚繖花序形式，又稱杯狀聚繖花序，僅見於大戟科植物。

濱大戟 大戟科
Euphorbia atoto G. Forst.

雌花（僅剩雌蕊）

蜜腺

雄花（僅剩雄蕊）

總苞

聖誕紅 大戟科
Euphorbia pulcherrima Willd. *ex* Klotzsch

岩大戟（台灣大戟）大戟科
Euphorbia jolkinii Boiss.

蠍尾狀花序 Helicoid cyme

聚繖花序的變形，花朵偏生於一側，狀如蠍尾。

花朵偏生於一側

狗尾草 紫草科
Heliotropium indicum L.

台灣附地草 紫草科
Trigonotis formosana Hayata

冷飯藤 紫草科
Tournefortia sarmentosa Lam.

單頂花序 / 單生花 Solitary flower

花軸上只有一朵花單獨生長。

琉球野薔薇 薔薇科
Rosa bracteata Wendl.

台灣喜普鞋蘭 (一點紅) 蘭科
Cypripedium formosanum Hayata

南湖柳葉菜 柳葉菜科
Epilobium nankotaizanense Yamam.

簇生花序 Fascicle

花朵無梗或有梗，密集成簇生長，通常腋生。

異葉木犀 木犀科
Osmanthus heterophyllus (G. Don)
P. S. Green

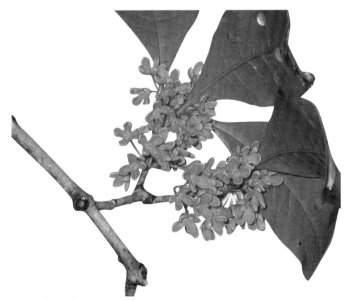

枇杷葉灰木 灰木科
Symplocos stellaris Brand

丹桂 木犀科
Osmanthus fragrans Lour. cv. Dangui

孢子葉球 / 毬花 / 孢子囊穗 Strobilus

著生孢子囊的孢子葉，集生於一根共同的軸上，構成長圓形的球體，稱為孢子葉球。孢子葉球在裸子植物又可稱為毬花，毬果由此發育而成；在蕨類植物的石松類亦有此構造，又可稱為孢子囊穗。

台東蘇鐵 蘇鐵科
Cycas taitungensis C. F. Shen , K. D. Hill , C. H. Tsou & C. J. Chen

孢子囊穗

假石松 石松科
Lycopodium pseudoclavatum Ching

蘭嶼羅漢松 羅漢松科
Podocarpus costalis C. Presl

幹生花 Cauliflorous

花直接著生於主莖或樹幹上的。

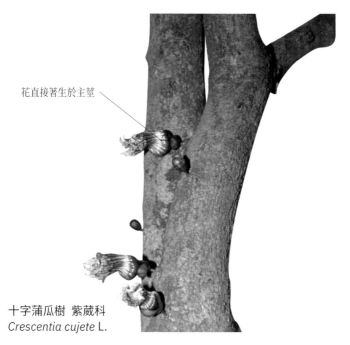

花直接著生於主莖

豬母乳（水同木）桑科
Ficus fistulosa Reinw. *ex* Blume

十字蒲瓜樹 紫葳科
Crescentia cujete L.

幹花榕 桑科
Ficus variegata Blume

果實 Fruit

雌蕊受粉後，其子房發育形成的器官。

果皮 Pericarp

包圍果實的壁，常可分為三層。

外果皮 Epicarp / Exocarp

中果皮 Mesocarp

內果皮 Endocarp

種子 Seed
成熟的胚珠。

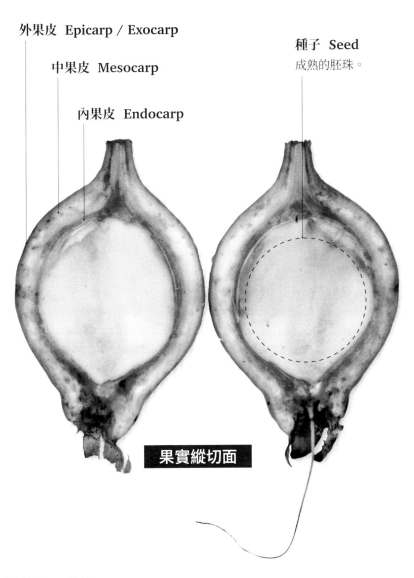

果實縱切面

穗花棋盤腳（水茄苳）玉蕊科
Barringtonia racemosa (L.) Blume *ex* DC.

真果 True fruit

果實是由花朵的子房所發育而成。例如：蕃茄、龍眼、荔枝、芒果等。

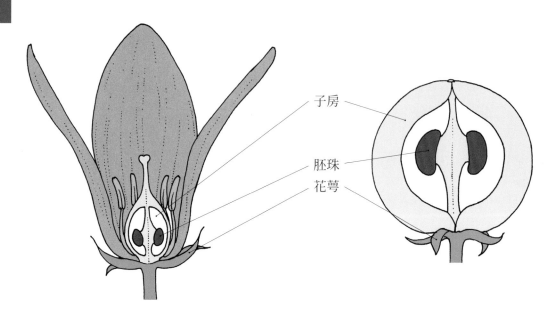

子房

胚珠

花萼

假果 Spurious fruit / False fruit

子房和果皮本身外，還有花的其他部分共同發育形成的果實；或由非子房部分發育成肉質的果肉包圍住果實的構造。例如：梨子、蘋果等。

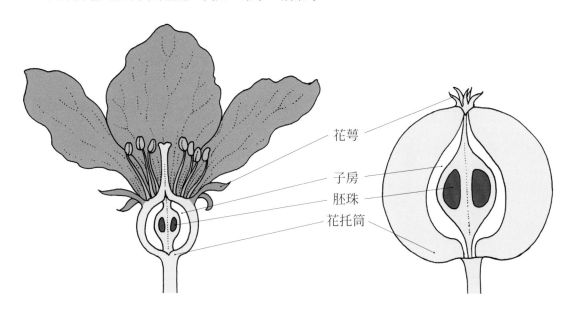

花萼

子房

胚珠

花托筒

單果 Simple fruit

由一朵花中的一個子房或一個心皮形成的單個果實，可分為乾果與肉果。

棋盤腳樹 玉蕊科
Barringtonia asiatica (L.) Kurz

單果

三斗石櫟 殼斗科
Pasania hancei (Benth.) Schottky var. *ternaticupula* (Hayata) J. C. Liao

肥豬豆 豆科
Canavalia lineata (Thunb. *ex* Murray) DC.

乾果 Dry fruit

成熟後,果皮會乾燥的果實稱為乾果,又可分為裂果(如:蓇果、蓇葖果、莢果等)與閉果(如:瘦果、穎果、胞果、堅果、離果、翅果等)。

裂果 Dehiscent fruit

閉果 Indehiscent fruit

鐘萼木 疊珠樹科
Bretschneidera sinensis Hemsl.

栓皮櫟 殼斗科
Quercus variabilis Blume

157

蒴果 Capsule

由多心皮構成的子房發育而成的乾果，成熟時有多種開裂
方式，如背裂、腹裂、孔裂、蓋裂等。

尚未開裂的蒴果

蒴果開裂，露出種子。

施丁草 報春花科
Stimpsonia chamaedryoides C. Wright *ex* A. Gray

台灣嗩吶草 虎耳草科
Mitella formosana (Hayata) Masam.

綿棗兒 天門冬科
Barnardia japonica (Thunb.) Schult.
& Schult. f.

蓋果 / 蓋裂蒴果 Pyxidium / Pyxis / Circumscissile capsule

蒴果的一種，成熟後果皮產生橫裂口，果實上端呈蓋狀脫
離。

蓋果

車前草 車前科
Plantago asiatica L.

毛馬齒莧 馬齒莧科
Portulaca pilosa L.

大車前草 車前科
Plantago major L.

長角果　Silique

蒴果的一種，由兩個合生心皮的子房發育而成，果的長度大於寬的兩倍，成熟時果皮乾燥，由基部向上做二瓣開裂。

荇菜 十字花科
Rorippa indica (L.) Hiern

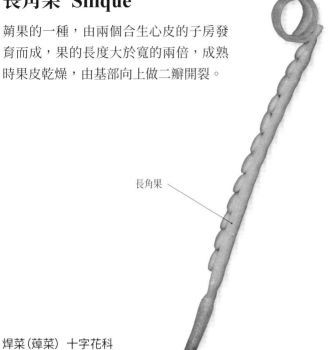

長角果

焊菜（葶菜）十字花科
Cardamine flexuosa With.

濱萊菔 十字花科
Raphanus sativus L. f.
raphanistroides Makino

短角果　Silicle

蒴果的一種，由兩個合生心皮的子房發育而來，果的寬度大於或等於果的長度，開裂方式和長角果大致相同。

台灣假山葵 十字花科
Yinshania rivulorum (Dunn) Al-
Shehbaz, G. Yang, L. L. Lu & T. Y.
Cheo

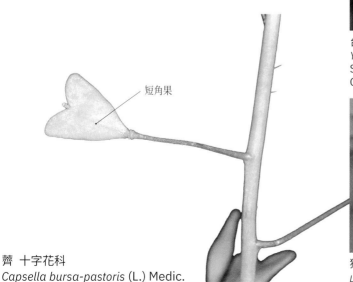

短角果

薺 十字花科
Capsella bursa-pastoris (L.) Medic.

獨行菜 十字花科
Lepidium virginicum L.

蓇葖果 Follicle

由離生心皮的單個心皮發育而成，成熟時只沿腹縫線或背縫線的一側開裂，可含一或多粒種子。

蓇葖果

白花八角 五味子科
Illicium philippinense Merr.

昆欄樹（雲葉） 昆欄樹科
Trochodendron aralioides Siebold & Zucc.

華他卡藤 夾竹桃科
Dregea volubilis (L. f.) Benth. *ex* Hook. f.

莢果 Legume

由單一心皮的子房發育而成，成熟時同時沿著腹縫線和背縫線開裂。

腹縫線

背縫線

頜垂豆 豆科
Archidendron lucidum (Benth.) I. C. Nielsen

雞母珠 豆科
Abrus precatorius L.

血藤 豆科
Mucuna macrocarpa Wall.

翅果　Samara

閉果的一種，果皮部份延伸成翅狀物，可藉助風力傳播。

阿里山榆　榆科
Ulmus uyematsui Hayata

翅狀果皮

猿尾藤　黃褥花科
Hiptage benghalensis (L.) Kurz.

青楓　無患子科
Acer serrulatum Hayata

堅果　Nut

果皮堅硬的閉果，內含一枚種子的乾果。

山龍眼　山龍眼科
Helicia formosana Hemsl.

堅硬果皮

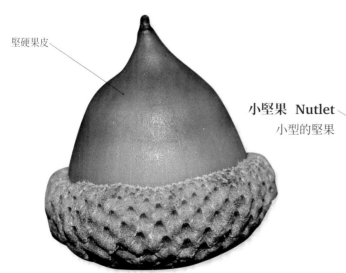

小堅果　Nutlet
小型的堅果

太魯閣櫟　殼斗科
Quercus tarokoensis Hayata

黃杞　胡桃科
Engelhardtia roxburghiana Wall.

穎果 Caryopsis / Cariopsis / Grain

具一枚種子的閉果，成熟時果皮與種皮癒合，無法分離。

包籜箭竹 禾本科
Arundinaria usawae Hayata

小麥 禾本科
Triticum aestivum L.

台灣雀麥 禾本科
Bromus formosanus Honda

胞果 / 囊果 Utricle

含一枚種子，果皮薄而呈囊狀，疏鬆地包覆種子，與種子容易分離，成熟時果皮不開裂。

小海米 莎草科
Carex pumila Thunb.

中國宿柱薹 莎草科
Carex sociata Boott

落葵 落葵科
Basella alba L.

離果 Schizocarp

由含有二或多個心皮發育而成的果實，成熟時乾燥，並分裂為各含一枚種子的小果（分果）。

玉山當歸 繖形科
Angelica morrisonicola Hayata

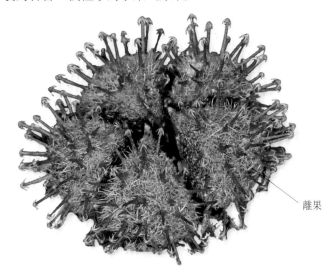

離果

日本前胡 繖形科
Peucedanum japonicum Thunb.

野棉花 錦葵科
Urena lobata L.

瘦果 Achene / Akene

單室、單種子的閉果，通常果皮緊包種子而不易分離，但與種皮不癒合。

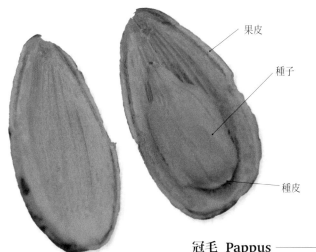

果皮

種子

種皮

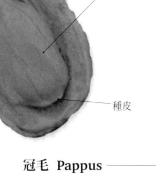

三腳剪 (慈姑) 澤瀉科
Sagittaria trifolia L.

冠毛 Pappus

菊科植物變態為羽毛狀、剛毛、芒刺或鱗片等的花萼，著生於瘦果先端。

向日葵 菊科
Helianthus annuus L.

昭和草 菊科
Crassocephalum crepidioides (Benth.) S. Moore

163

肉果 Fleshy fruit / Succulent fruit

成熟時肥厚多汁的果實。

肉果

山梨獼猴桃 獼猴桃科
Actinidia rufa (Siebold &
Zucc.) Planch. *ex* Miquel

雙花龍葵 茄科
Lycianthes biflora (Lour.) Bitter

梨 薔薇科
Pyrus serotina Rehder

漿果 Berry

由合生心皮的子房發育而來，外果皮薄，中果皮和內果皮
肉質肥厚而多汁，含多粒種子。

漿果

光果龍葵 茄科
Solanum americanum Miller

台灣茶藨子 茶藨子科
Ribes formosanum Hayata

印度茄 茄科
Solanum violaceum Ortega

柑果 Hesperidium

漿果的一種，外皮軟而厚，由外果皮與中果皮合生形成果壁，內果皮呈瓣狀而多汁，內側表皮向內突出形成汁囊。

內果皮

果壁
Fruit wall

汁囊
Vesicle

美人柑 芸香科
Citrus × tangelo J. W. Ingram & H. E. Moore 'Minneola'

柚子 芸香科
Citrus maxima (Burm.) Merr.

圓果金柑 芸香科
Fortunella japonica Swingle

瓜果 / 瓠果 Pepo

漿果的一種，由具有多數心皮的複合子房發育而來，花托筒與外果皮合生成瓜皮，內含多數種子。

瓜果

裸瓣瓜 葫蘆科
Gymnopetalum chinense (Lour.) Merr.

苦瓜 葫蘆科
Momordica charantia L.

雙輪瓜 葫蘆科
Diplocyclos palmatus (L.) C. Jeffrey

165

核果 Drupe

具有一個或數個硬核的肉質果，內果皮由石細胞構成堅硬組織，保護種子，中果皮發育成肉質，外果皮較薄。

茄冬 葉下珠科
Bischofia javanica Blume

果實

核
Pit

水蜜桃 薔薇科
Prunus persica (L.) Batsch

山柚 山柚科
Champereia manillana (Blume) Merr.

仁果 / 梨果 Pome

核果的一種，由合生心皮的子房與花萼、花托筒癒合而共同發育成的假果。

小葉石楠 薔薇科
Pourthiaea villosa (Thunb.) Decne.
var. *parvifolia* (Pritz.) Iketani & H. Ohashi

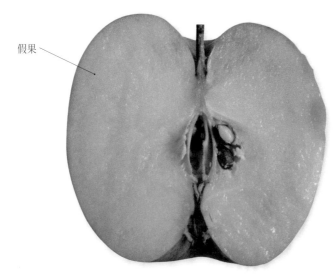

假果

蘋果 薔薇科
Malus domestica Borkh.

山枇杷 薔薇科
Eriobotrya deflexa (Hemsl.) Nakai

聚合果 / 集生果　Aggregate fruit

由同一朵花中的離生心皮所發育而成的小果，聚生在同一個花托上所構成的集合體果實。

水辣菜（禺毛莨）毛莨科
Ranunculus cantoniensis DC.

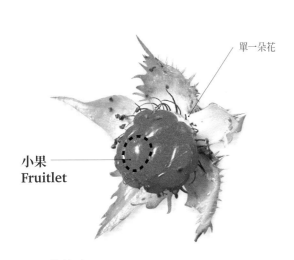

單一朵花

小果
Fruitlet

南五味子　五味子科
Kadsura japonica (L.) Dunal

刺萼寒莓　薔薇科
Rubus pectinellus Maxim.

聚花果 / 多花果　Multiple fruit

由整個花序所發育形成的果實，常見於頭狀花序或柔荑花序。

風箱樹　茜草科
Cephalanthus naucleoides DC.

聚花果（整個花序）

麵包樹　桑科
Anredera cordifolia (Tenore) van
Steenis

桑椹　桑科
Morus alba L.

167

隱花果 / 隱頭果　Syconium / Fig

聚花果的一種，為隱頭花序發育形成的果實，常見於桑科榕屬植物。

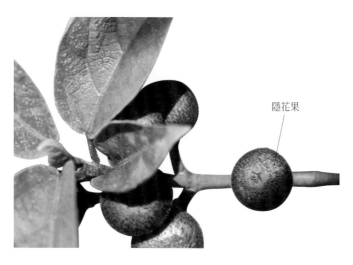

隱花果

大冇榕(稜果榕)　桑科
Ficus septica Burm. f.

蘭嶼落葉榕　桑科
Ficus ruficaulis Merr. var. *antaoensis*
(Hayata) Hatus. & J. C. Liao

牛奶榕　桑科
Ficus erecta Thunb. var. *beecheyana* (Hook. & Arn.) King

毬果　Cone / Strobilus

裸子植物的雌毬花所發育成的果實。

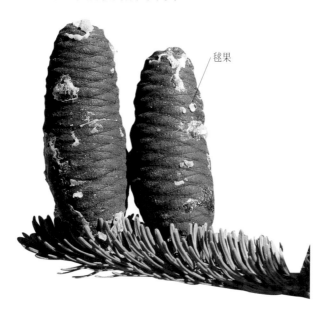

毬果

刺柏　柏科
Juniperus formosana Hayata

台灣冷杉　松科
Abies kawakamii (Hayata) Tak. Itô

日本柳杉　柏科
Cryptomeria japonica (L. f.) D. Don

殼斗 Cupule

杯狀總苞，在果實成熟時將果實部分或全部包被，常見於殼斗科植物。

烏來柯 殼斗科
Castanopsis uraiana (Hayata) Kaneh.

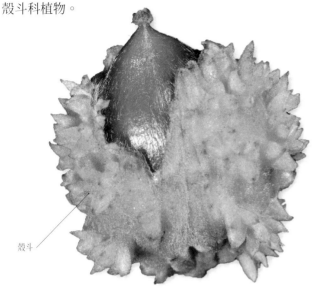

長尾栲（長尾柯、卡氏櫧）殼斗科
Castanopsis carlesii (Hesml.) Hayata

狹葉櫟 殼斗科
Quercus stenophylloides Hayata

果托 / 種托 Receptacle

花托在果實發育後成為果托，在裸子植物則稱為種托。

蘭嶼羅漢松 羅漢松科
Podocarpus costalis C. Presl

台東漆樹 漆樹科
Semecarpus gigantifolia Vidal

桃實百日青 羅漢松科
Podocarpus nakaii Hayata

單子葉 Monocotyledon

種子的胚僅具有一片子葉。

種皮 Seed coatt / Testa
種子的保護結構，由珠被發育而成，包覆胚。

胚乳 Endosperm
供應胚營養的組織。

盾片 / 胚盤（即子葉 Cotyledon）
位於胚與胚乳之間的構造。

芽鞘 Coleoptile
單子葉植物中保護胚芽的鞘，由植物的第一片葉子發育而來。

胚芽 Plumule
種子植物胚的部分之一，包括胚芽生長點和葉原體。單子葉植物的胚芽則位於胚的一側。

內部構造

胚根 Radicle

下胚軸 Hypocotyl

根鞘 Coleorhiza
單子葉植物中保護胚根的外鞘（發芽後根會穿透這個外鞘）。

單子葉植物——玉米的發芽過程

雙子葉 Dicotyledon

種子的胚具有兩片子葉。

胚芽 Plumule

種子植物胚的部分之一，包括胚芽生長點和葉原體。雙子葉植物中胚芽位於下胚軸的頂端，兩片子葉的中間。

下胚軸 Hypocotyl

子葉著生處以下的胚軸。

胚根 Radicle

種子植物胚的組成部分之一，包括根冠和胚根生長點，為種子萌發時最先伸出種皮的部分，將來發育為植物主根。

種臍 Hilum

種子成熟後，脫離珠柄或胎座時，在種子上產生的疤痕。

內部構造

外形構造

子葉 Cotyledon

位於胚芽兩側的瓣狀肥厚儲藏構造，含大量養分，提供種子萌發所需，萌芽後會伸展成為初生葉。

種臍 Hilum

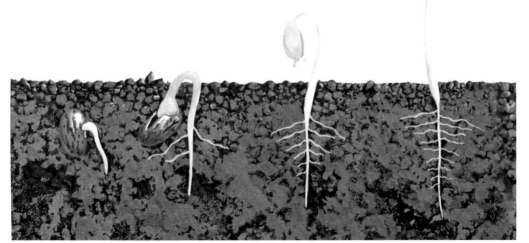

雙子葉植物——花豆的發芽過程

種臍 Hilum

種子成熟後脫離珠柄或胎座，其著生點的疤痕。

紅豆 豆科
Vigna angularis (Willd) Ohwi et Ohashi

種臍

雞母珠 豆科
Abrus precatorius L.

荔枝 無患子科
Litchi chinensis Sonn.

假種皮 Aril

部分或完全包覆種子的附屬物，或為增厚的肉質種皮。

荔枝 無患子科
Litchi chinensis Sonn.

假種皮

南洋紅豆杉 紅豆杉科
Taxus sumatrana (Miq.) de Laub.

西番蓮（百香果）西番蓮科
Passiflora edulis Sims

種髮 Coma

種子先端之毛狀附屬物。

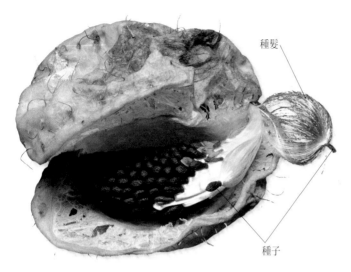

種髮

種子

唐棉(釘頭果) 夾竹桃科
Gomphocarpus fruticosus R. Br.

馬利筋(尖尾鳳) 夾竹桃科
Asclepias curassavica L.

爬森藤 夾竹桃科
Parsonsia laevigata (Moon) Alston

具翅種子 Pterospermous / Winged seed

具有扁平之翅狀附屬物的種子。

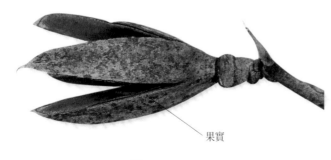

果實

具翅種子

大頭茶 茶科
Gordonia axillaris (Roxb.) Dietr.

裡白葉薯榔 薯蕷科
Dioscorea cirrhosa Lour.

肯氏南洋杉 南洋杉科
Araucaria cunninghamii Sweet

173

名詞中文索引

一畫

一回羽狀複葉 ·········· 102
一年生 ·················· 32

二畫

丁字著葯 ·············· 138
二回羽狀裂 ············· 97
二回羽狀複葉 ·········· 102
二強雄蕊 ·············· 136
二裂 ··················· 94
二體雄蕊 ·············· 135
入侵植物 ··············· 21
十字形 ················ 118
十字對生 ·········· 104,106

三畫

三心皮 ················ 127
三出脈 ················· 68
三出複葉 ··············· 99
三回羽狀裂 ············· 97
三角形 ················· 79
三室子房 ·············· 128
三裂 ··················· 94
上位花 ················ 130
上唇 ·················· 122
下位花 ················ 130
下唇 ·················· 122
下胚軸 ·············· 170,171
大戟花序 ·············· 152
大頭羽裂 ··············· 81
子房 ····· 111,128,130,131,133,156
子葉 ·················· 171
小花 ············· 123,144,150
小型葉 ··················· 9
小苞片 ················ 142
小堅果 ················ 161
小葉 ··················· 98

小葉柄 ················· 98
小穗 ·················· 123
小穗柄 ················ 123
小穗軸 ················ 123

四畫

不育花 ················ 114
不完全花 ·············· 112
不孕花 ················ 114
不定芽 ················· 34
不定根 ··············· 41,58
不整齊花 ·············· 116
中肋 ··················· 64
中性花 ················ 114
中果皮 ················ 155
中柱 ················· 38,39
中軸胎座 ·············· 132
互生 ·············· 104,105
仁果 ·················· 166
內果皮 ············· 155,165
內稃 ·················· 123
內穎 ·················· 123
孔裂 ·················· 140
引進植物 ··············· 20
心皮 ·················· 126
心形 ··················· 77
支持根 ················· 45
支根 ··················· 40
木本植物 ··············· 14
木質 ··················· 54
木質化 ················· 15
木質草本 ··············· 15
木質部 ············· 48,49,50
木質藤本 ··············· 17
毛緣 ··················· 93
水生植物 ··············· 24

五畫

主根 ··················· 40

主脈 ··················· 64
主莖 ··················· 46
凹缺 ··················· 87
四強雄蕊 ·············· 136
外來植物 ··············· 20
外果皮 ················ 155
外稃 ·················· 123
外穎 ·················· 123
平行脈 ················· 70
平臥莖 ················· 61
汁囊 ·················· 165
瓜果 ·················· 165
皮孔 ··················· 52
皮目 ··················· 52
皮刺 ··················· 53
皮層 ············· 38,39,48,49

六畫

先驅植物 ··············· 29
全裂 ··················· 95
全緣 ··················· 88
共生植物 ··············· 22
合生心皮子房 ·········· 129
合瓣花 ················ 119
同化根 ················· 44
地下莖 ················· 58
多心皮 ················ 127
多回羽狀複葉 ·········· 103
多年生 ················· 32
多肉植物 ··············· 28
多花果 ················ 167
多裂 ··················· 95
多體雄蕊 ·············· 135
年輪 ··················· 59
托杯 ·················· 125
托葉 ·················· 109
有毒植物 ··············· 29
有限花序 ·············· 145
羽狀平行脈 ············· 71

羽狀裂 …… 96
羽狀網脈 …… 69
羽狀複葉 …… 100
耳狀抱莖 …… 85
耳狀裂片 …… 85
肉果 …… 164
肉質莖 …… 55
肉質軸根 …… 41
肉穗花序 …… 148
舌狀花 …… 144

七畫

佛焰花序 …… 148
佛焰苞 …… 148
卵形 …… 76
吸芽 …… 35
完全花 …… 112
尾狀 …… 86
形成層 …… 49,50
沉水植物 …… 25
沙丘植物 …… 27
芒 …… 123
芒尖 …… 86
走莖 …… 62

八畫

兩性花 …… 113,114
兩側對稱花 …… 116
具小短尖的 …… 86
具翅種子 …… 173
具短尖的 …… 86
周位花 …… 131
呼吸根 …… 45
固氮植物 …… 31
固著浮葉植物 …… 25
奇數羽狀複葉 …… 101
孢子 …… 11
孢子葉 …… 67
孢子葉球 …… 154

孢子囊 …… 11
孢子囊群 …… 10
孢子囊穗 …… 154
孢子體 …… 8
孢膜 …… 10
岩生植物 …… 28
披針形 …… 73
抱莖 …… 85
杯狀聚繖花序 …… 152
板根 …… 43
果皮 …… 155,163
果托 …… 169
果實 …… 155
果壁 …… 165
枝 …… 46
波狀 …… 91
直出平行脈 …… 71
直立莖 …… 60
花 …… 110
花外蜜腺 …… 36
花托 …… 110
花托筒 …… 125,156
花序 …… 144
花序梗 …… 144
花序軸 …… 133,144,146
花冠 …… 110
花冠筒 …… 121
花冠裂片 …… 121
花柱 …… 111
花粉 …… 141
花粉塊 …… 141
花梗 …… 110,146
花被 …… 117
花被片 …… 117
花絲 …… 111
花萼 …… 111,156
花葶 …… 141
花瓣 …… 110
花藥 …… 111

芽 …… 33,58
芽鞘 …… 170
表皮 …… 48,49
長角果 …… 159
長橢圓形 …… 75
附生植物 …… 22
非入侵植物 …… 20

九畫

俗名 …… 37
冠毛 …… 163
匍匐莖 …… 62
柑果 …… 165
柔荑花序 …… 147
柱頭 …… 111,133
歪基 …… 87
活化石 …… 21
盾片 …… 170
盾形 …… 78
耐鹽植物 …… 27
背著藥 …… 138
背縫線 …… 126,160
胚乳 …… 170
胚芽 …… 170,171
胚根 …… 170,171
胚珠 …… 110,133,156
胚盤 …… 170
胞果 …… 162
苔蘚植物 …… 8
苞片 …… 142
重鋸齒 …… 89
食草 …… 31

十畫

倒三角形 …… 80
倒心形 …… 77
倒卵形 …… 76
倒披針形 …… 73
原生植物 …… 19

175

唇形⋯⋯⋯⋯⋯122
唇瓣⋯⋯⋯⋯⋯123
扇形⋯⋯⋯⋯⋯82
挺水植物⋯⋯⋯24
核⋯⋯⋯⋯⋯⋯166
核果⋯⋯⋯⋯⋯166
根⋯⋯⋯⋯⋯⋯38
根毛⋯⋯⋯⋯38,39
根狀莖⋯⋯⋯⋯58
根冠⋯⋯⋯⋯38,39
根莖⋯⋯⋯⋯⋯58
根瘤⋯⋯⋯⋯⋯31
根鞘⋯⋯⋯⋯⋯170
根蘖⋯⋯⋯⋯⋯35
氣孔⋯⋯⋯⋯⋯68
氣孔帶⋯⋯⋯⋯68
氣生根⋯⋯⋯⋯44
氣囊根⋯⋯⋯⋯40
海漂果實⋯⋯⋯26
海飄植物⋯⋯⋯26
海飄種子⋯⋯⋯26
特有植物⋯⋯⋯19
珠芽⋯⋯⋯⋯⋯35
真果⋯⋯⋯⋯⋯156
真菌異營植物⋯23
真蕨類⋯⋯⋯⋯11
粉源植物⋯⋯⋯30
翅果⋯⋯⋯⋯⋯161
草本植物⋯⋯⋯14
草質⋯⋯⋯⋯⋯54
配子體⋯⋯⋯⋯8
針形⋯⋯⋯⋯⋯72
高杯狀⋯⋯⋯⋯120

十一畫

乾果⋯⋯⋯⋯⋯157
假孢膜⋯⋯⋯⋯10
假果⋯⋯⋯156,166
假球莖⋯⋯⋯⋯57

假種皮⋯⋯⋯⋯172
側出平行脈⋯⋯71
側根⋯⋯⋯⋯⋯40
側脈⋯⋯⋯⋯⋯64
側膜胎座⋯⋯⋯132
偶數羽狀複葉⋯101
副花冠⋯⋯⋯⋯124
副萼⋯⋯⋯⋯⋯142
匙形⋯⋯⋯⋯⋯81
基生胎座⋯⋯⋯133
基生葉⋯⋯⋯⋯108
基著藥⋯⋯⋯⋯137
基盤⋯⋯⋯⋯⋯123
堅果⋯⋯⋯⋯⋯161
寄主植物⋯⋯⋯31
寄生根⋯⋯⋯⋯43
寄生植物⋯⋯⋯23
常綠⋯⋯⋯⋯⋯66
捲尾狀⋯⋯⋯⋯86
捲鬚⋯⋯⋯⋯⋯55
斜升莖⋯⋯⋯⋯60
斜倚莖⋯⋯⋯⋯61
梨果⋯⋯⋯⋯⋯166
毬果⋯⋯⋯⋯⋯168
毬花⋯⋯⋯⋯⋯154
深波狀⋯⋯⋯⋯91
球莖⋯⋯⋯⋯⋯56
瓠果⋯⋯⋯⋯⋯165
異型葉⋯⋯⋯⋯67
細尖⋯⋯⋯⋯⋯86
細脈⋯⋯⋯⋯⋯64
細圓齒狀⋯⋯⋯90
細鋸齒狀⋯⋯⋯89
莖⋯⋯⋯⋯⋯⋯46
莖生葉⋯⋯⋯⋯108
莖穿葉的⋯⋯⋯103
莢果⋯⋯⋯⋯⋯160
被子植物⋯⋯⋯12
閉果⋯⋯⋯⋯⋯157

頂小葉⋯⋯⋯⋯101
頂生⋯⋯⋯⋯⋯143

十二畫

喬木⋯⋯⋯⋯⋯15
單子葉⋯⋯⋯⋯170
單子葉植物⋯⋯13
單心皮⋯⋯⋯⋯126
單生花⋯⋯⋯⋯153
單身複葉⋯⋯⋯99
單性花⋯⋯113,114
單果⋯⋯⋯⋯⋯157
單室子房⋯⋯⋯128
單頂花序⋯⋯⋯153
單葉⋯⋯⋯⋯⋯98
單體雄蕊⋯⋯⋯134
壺狀⋯⋯⋯⋯⋯120
戟形⋯⋯⋯⋯⋯83
掌狀裂⋯⋯⋯⋯96
掌狀網脈⋯⋯⋯70
掌狀複葉⋯⋯⋯100
提琴形⋯⋯⋯⋯82
棘刺⋯⋯⋯⋯⋯53
殼斗⋯⋯⋯⋯⋯169
無性花⋯⋯⋯⋯114
無限花序⋯⋯⋯145
琴狀羽裂⋯⋯⋯81
短角果⋯⋯⋯⋯159
稈⋯⋯⋯⋯⋯⋯59
筒狀⋯⋯⋯⋯⋯119
腋生⋯⋯⋯⋯⋯143
腋芽⋯⋯⋯⋯⋯98
腎形⋯⋯⋯⋯⋯78
菌根⋯⋯⋯⋯⋯42
菱形⋯⋯⋯⋯⋯80
裂片⋯⋯⋯⋯⋯93
裂果⋯⋯⋯⋯⋯157
距⋯⋯⋯⋯⋯⋯124
軸根⋯⋯⋯⋯⋯40

鈍	87	葉軸	100	雌蕊	111,113,134
鈍齒狀	90	葉緣	65		
雄花	112,113,115,152	葉鞘	109	**十五畫**	
雄器	110			寬橢圓形	75
雄蕊	111,113,134	**十四畫**		漿果	164
雄蕊筒	134	對生	104,105	瘦果	163
集生果	167	截形	87	皺波狀	92
韌皮部	48,49,50	旗瓣	118	箭頭形	83
		漂浮植物	26	線形	72
十三畫		漏斗狀	122	蓮座狀	107
圓	87	漸尖	86	蔓性植物	18
圓形	79	種子	155,163,173	蝶形	118
圓齒狀	90	種皮	163,170	複葉	98
圓錐花序	146	種托	169	複聚繖花序	151
塊根	41	種髮	173	複繖形花序	149
塊莖	56	種臍	171,172	輪生	104,106
幹生花	154	管狀	119	輪狀	121
微凹	87	管狀花	144	銳尖	86
楔形	87	維管束	9,48,49	齒牙狀	92
節	47	維管束植物	9		
節間	47	網狀脈	69	**十六畫**	
腹縫線	126,131,160	聚合果	167	學名	37
腺	36	聚花果	167	整齊花	116
腺毛	36	聚繖花序	151	樹皮	51
腺點	36	聚藥雄蕊	137	樹幹	46
腺體	36	蒴果	158	樹輪	59
萼片	111	蓇葖果	160	橢圓形	74
落葉	66	蓋果	158	橫出平行脈	71
葉	64	蓋裂蒴果	158	橫裂	139
葉子先端	64	蜜	36	獨立中央胎座	133
葉序	104	蜜源植物	30	穎果	162
葉身	64	蜜源標記	125	蕊柱	123
葉狀枝	58	蜜源導引	125	蕨葉	11
葉狀莖	58	蜜腺	36,152	蕨類植物	10
葉柄	65	裸子植物	12	輻射對稱花	116
葉脈	64	雌花	112,113,115,148,152	鋸齒狀	88
葉基	65	雌雄同株	115	頭狀花序	150
葉痕	52	雌雄異株	115	龍骨瓣	118
葉腋	143	雌器	110		

十七畫

儲存根 ･････････････････ 41

擬蕨類 ･････････････････ 9

營養葉 ･････････････････ 67

穗狀花序 ･･･････････････ 147

簇生花序 ･･･････････････ 153

縱裂 ･･･････････････････ 139

總狀花序 ･･･････････････ 146

總花托 ･････････････････ 150

總苞 ･･･････････････ 142,152

總苞片 ･････････････････ 142

翼瓣 ･･･････････････････ 118

隱花果 ･････････････････ 168

隱頭果 ･････････････････ 168

隱頭花序 ･･･････････････ 150

十八畫

叢生 ･････････････ 104,107

歸化植物 ･･･････････････ 20

繖形花序 ･･･････････････ 149

繖房花序 ･･･････････････ 148

蟲癭 ･･･････････････････ 37

雙子葉 ･････････････････ 171

雙子葉植物 ･････････････ 13

雙心皮 ･････････････････ 126

雜性花 ･････････････････ 114

離生心皮子房 ･･･････････ 129

離生雄蕊 ･･･････････････ 134

離果 ･･･････････････････ 163

離瓣花 ･････････････････ 117

十九畫

攀緣根 ･････････････････ 42

攀緣莖 ･････････････････ 63

攀緣植物 ･･･････････････ 17

瓣裂 ･･･････････････････ 140

藤本植物 ･･･････････････ 16

蠍尾狀花序 ･････････････ 152

邊緣胎座 ･･･････････････ 131

關節 ･･･････････････････ 99

二十畫

鐘狀 ･･･････････････････ 121

二十一畫

灌木 ･･･････････････････ 16

纏勒現象 ･･･････････････ 33

纏繞莖 ･････････････････ 63

纏繞植物 ･･･････････････ 18

蘭花 ･･･････････････････ 123

鐮刀形 ･････････････････ 74

二十二畫

囊果 ･･･････････････････ 162

癭 ･････････････････････ 37

鬚根 ･･･････････････････ 40

二十三畫

髓 ･･･････････････ 38,48,49

鱗片狀 ･････････････････ 84

鱗芽 ･･･････････････････ 34

鱗莖 ･･･････････････････ 57

鱗被 ･･･････････････････ 123

二十四畫

驟突 ･･･････････････････ 87

二十八畫

鑿形 ･･･････････････････ 84

名詞英文索引

A

Abruptly pinnate compound leaf 偶數羽狀複葉······101

Acerose 針形······72

Achene 瘦果······163

Acicular 針形······72

Actinomorphic flower 輻射對稱花 / 整齊花······116

Acuminate 漸尖······86

Acute 銳尖······86

Adventitious bud 不定芽······34

Adventitious root 不定根······41

Aerial bulbil 珠芽······35

Aerial root 氣生根······44

Aggregate fruit 聚合果 / 集生果······167

Air bladder root 氣囊根······40

Akene 瘦果······163

Ala(pl. Alae 翼瓣······118

Alien plant 外來植物······20

Alternate 互生······104,105

Ament 柔荑花序······147

Amplexicaul 抱莖······85

Androecium 雄器······110

Angiosperm 被子植物······12

Annual 一年生······32

Annual ring 年輪 / 樹輪······59

Anther 花藥······111

Apex 葉子先端······64

Apiculate 細尖······86

Apocarpous ovary 離生心皮子房······129

Apopetalous flower 離瓣花······117

Apostemonous 離生雄蕊······134

Aquatic plant 水生植物······24

Aril 假種皮······172

Aristate 芒尖······86

Articulation 關節······99

Ascending stem 斜升莖······60

Assimilation root 同化根······44

Auriculate-amplexicaul 耳狀抱莖······85

Auriculate-clasping 耳狀抱莖······85

Awn 芒······123

Axil 葉腋······143

Axile placentation 中軸胎座······132

Axillary 腋生······143

Axillary bud 腋芽······98

B

Banner 旗瓣······118

Bark 樹皮······51

Basal placentation 基生胎座······133

Base 葉基······65

Basifixed anther 基著藥······137

Berry 漿果······164

Bicarpellary 雙心皮······126

Bicarpellate 雙心皮······126

Bifid 二裂······94

Bilabiate 唇形······122

Bipinnately compound leaf 二回羽狀複葉······102

Bipinnatifid 二回羽狀裂······97

Bisected 二裂······94

Biserrate 重鋸齒······89

Bisexual flower 兩性花······113

Blade 葉身······64

Bract 苞片······142

Bracteole 小苞片······142

Branch 枝······46

Bryophyte 苔蘚植物······8

Bud 芽······33

Bulb 鱗莖······57

Buttress root 板根······43

C

Calcar 距······124

Callus 基盤······123

Calyx 花萼······111

Cambium 形成層······49,50

Campanulate 鐘狀······121

Capitulum 頭狀花序······150

Capsule 蒴果 ········· 158

Cariopsis 穎果 ········· 162

Carpel 心皮 ········· 126

Caryopsis 穎果 ········· 162

Catkin 柔荑花序 ········· 147

Caudate 尾狀 ········· 86

Cauliflorous 幹生花 ········· 154

Cauline leaf 莖生葉 ········· 108

Choripetalous flower 離瓣花 ········· 117

Ciliate 毛緣 ········· 93

Circular 圓形 ········· 79

Circumscissile capsule 蓋果 / 蓋裂蒴果 ········· 158

Cirrhose 捲尾狀 ········· 86

Cirrhous 捲尾狀 ········· 86

Cirrose 捲尾狀 ········· 86

Cladode 葉狀枝 / 葉狀莖 ········· 58

Cladophyll 葉狀枝 / 葉狀莖 ········· 58

Climber 攀緣植物 ········· 17

Climbing plant 攀緣植物 ········· 17

Climbing root 攀緣根 ········· 42

Climbing stem 攀緣莖 ········· 63

Coleoptile 芽鞘 ········· 170

Coleorhiza 根鞘 ········· 170

Column 蕊柱 ········· 123

Coma 種髮 ········· 173

Common name 俗名 ········· 37

Complete flower 完全花 ········· 112

Compound cyme 複聚繖花序 ········· 151

Compound leaf 複葉 ········· 98

Compound umbel 複繖形花序 ········· 149

Cone 毬果 ········· 168

Cordate 心形 ········· 77

Cordiform 心形 ········· 77

Corm 球莖 ········· 56

Corolla 花冠 ········· 110

Corolla lobe 花冠裂片 ········· 121

Corolla tube 花冠筒 ········· 121

Cortex 皮層 ········· 38,39,48,49

Corymb 繖房花序 ········· 148

Cotyledon 盾片 / 胚盤 ········· 170

Cotyledon 子葉 ········· 171

Creeping stem 匍匐莖 ········· 62

Crenate 鈍齒狀 / 圓齒狀 ········· 90

Crenulate 細圓齒狀 ········· 90

Crispate 皺波狀 ········· 92

Crisped 皺波狀 ········· 92

Cross-shaped 十字形 ········· 118

Crown 副花冠 ········· 124

Cruciate 十字形 ········· 118

Cruciform 十字形 ········· 118

Culm 稈 ········· 59

Cuneate 楔形 ········· 87

Cupule 殼斗 ········· 169

Cuspidate 驟突 ········· 87

Cyathium 大戟花序 / 杯狀聚繖花序 ········· 152

Cyme 聚繖花序 ········· 151

D

Deciduous 落葉 ········· 66

Decumbent stem 斜倚莖 ········· 61

Decussate 十字對生 ········· 104,106

Dehiscent fruit 裂果 ········· 157

Deltate 三角形 ········· 79

Deltoid 三角形 ········· 79

Dentate 齒牙狀 ········· 92

Determinate inflorescence 有限花序 ········· 145

Diadelphous stamens 二體雄蕊 ········· 135

Dialypetalous flower 離瓣花 ········· 117

Dicot 雙子葉植物 ········· 13

Dicotyledon 雙子葉植物 ········· 13

Dicotyledon 雙子葉 ········· 171

Didynamous stamens 二強雄蕊 ········· 136

Digitate venation 掌狀網脈 ········· 70

Digitately compound leaf 掌狀複葉 ········· 100

Dioecious 雌雄異株 ········· 115

Dissected 多裂 ········· 95

Divided 全裂 ········· 95

Dorsal suture 背縫線 ········· 126

Dorsifixed anther 背著藥 ···············138

Dot glands 腺點 ···············36

Double-serrate 重鋸齒 ···············89

Drift fruit 海漂果實 ···············26

Drift seed 海飄種子 ···············26

Drupe 核果 ···············166

Dry fruit 乾果 ···············157

E

Elliptic 橢圓形 ···············74

Elliptical 橢圓形 ···············74

Emarginate 凹缺 ···············87

Emergent anchored plant 挺水植物 ···············24

Endemic plant 特有植物 ···············19

Endocarp 內果皮 ···············155

Endosperm 胚乳 ···············170

Entire 全緣 ···············88

Epicalyx 副萼 ···············142

Epicarp 外果皮 ···············155

Epidermis 表皮 ···············48,49

Epigynous flower 上位花 ···············130

Epiphyte 附生植物 ···············22

Epiphytic plant 附生植物 ···············22

Erect stem 直立莖 ···············60

Even-pinnately compound leaf 偶數羽狀複葉 ···············101

Evergreen 常綠 ···············66

Exocarp 外果皮 ···············155

Exotic plant 外來植物 ···············20

Extrafloral nectary 花外蜜腺 ···············36

F

Falcate 鐮刀形 ···············74

False fruit 假果 ···············156

False indusium 假孢膜 ···············10

Fan-shaped 扇形 ···············82

Fascicle 簇生花序 ···············153

Fasciculate 叢生 ···············104,107

Female flower 雌花 ···············113

Fern 真蕨類 ···············11

Fern allies 擬蕨類 ···············9

Fibrous root 鬚根 ···············40

Fig 隱花果 / 隱頭果 ···············168

Filament 花絲 ···············111

Flabellate 扇形 ···············82

Flabelliform 扇形 ···············82

Fleshy fruit 肉果 ···············164

Fleshy stem 肉質莖 ···············55

Floating plant 漂浮植物 ···············26

Floating-leaved anchored plant 固著浮葉植物 ···············25

Floret 小花 ···············123,144

Flower 花 ···············110

Follicle 蓇葖果 ···············160

Free-centeral placentation 獨立中央胎座 ···············133

Frond 蕨葉 ···············11

Fruit 果實 ···············155

Fruit wall 果壁 ···············165

Fruitlet 小果 ···············167

Funnelform 漏斗狀 ···············122

Funnel-shaped 漏斗狀 ···············122

G

Gall 癭 ···············37

Gametophyte 配子體 ···············8

Gamopetalous flower 合瓣花 ···············119

Gland 腺 / 腺體 ···············36

Gland-dots 腺點 ···············36

Glandular dots 腺點 ···············36

Glandular hairs 腺毛 ···············36

Glandular punctae 腺點 ···············36

Grain 穎果 ···············162

Gymnosperm 裸子植物 ···············12

Gynoecium 雌器 ···············110

H

Halberd-shaped 戟形 ···············83

Hastate 戟形 ···············83

Head 頭狀花序 ···············150

Helicoid cyme 蠍尾狀花序 ···············152

Herb 草本植物 · 14

Herbaceous 草質 · 54

Herbaceous plant 草本植物 · · · · · · · · · · · · · 14

Hermaphroditic flower 兩性花 · · · · · · · · · 113

Hesperidium 柑果 · 165

Heterophyllous leaf 異型葉 · · · · · · · · · · · · · 67

Hilum 種臍 · 171,172

Host plant 食草 / 寄主植物 · · · · · · · · · · · · · 31

Hypanthium 花托筒 / 托杯 · · · · · · · · · · · · · 125

Hypanthodium 隱頭花序 · · · · · · · · · · · · · · · 150

Hypocotyl 下胚軸 · · · · · · · · · · · · · · · · 170,171

Hypogynous flower 下位花 · · · · · · · · · · · · · 130

I

Imparipinnately compound leaf 奇數羽狀複葉 · · · · · · 101

Imperfect flowe 單性花 · · · · · · · · · · · · · · · · 113

Incomplete flower 不完全花 · · · · · · · · · · · · 112

Indehiscent fruit 閉果 · · · · · · · · · · · · · · · · · 157

Indeterminate inflorescence 無限花序 · · · · · 145

Indigenous plant 原生植物 · · · · · · · · · · · · · · 19

Indusia 孢膜 · 10

Indusium 孢膜 · 10

Inflorescence 花序 · 144

Infundibuliform 漏斗狀 · · · · · · · · · · · · · · · · 122

Insect gall 蟲癭 · 37

Internode 節間 · 47

Introduced plant 引進植物 · · · · · · · · · · · · · · 20

Invasive plant 入侵植物 · · · · · · · · · · · · · · · · 21

Involucral bract 總苞片 · · · · · · · · · · · · · · · · 142

Involucre 總苞 · 142

Irregular flower 兩側對稱花 / 不整齊花 · · · · · 116

J

Joint 關節 · 99

K

Keel 龍骨瓣 · 118

L

Labelllum 唇瓣 · 123

Labiate 唇形 · 122

Lanceolate 披針形 · 73

Lateral root 支根 / 側根 · · · · · · · · · · · · · · · · · 40

Lateral vein 側脈 · 64

Leaf 葉 · 64

Leaf scar 葉痕 · 52

Leaf sheath 葉鞘 · 109

Leaflet 小葉 · 98

Legume 莢果 · 160

Lemma 外稃 · 123

Lenticel 皮孔 / 皮目 · · · · · · · · · · · · · · · · · · · 52

Liana 木質藤本 · 17

Lignified 木質化 · 15

Ligulate flower 舌狀花 · · · · · · · · · · · · · · · · 144

Linear 線形 · 72

Lip 唇瓣 · 123

Lithophyte 岩生植物 · · · · · · · · · · · · · · · · · · 28

Living Fossil 活化石 · · · · · · · · · · · · · · · · · · · 21

Lobe 裂片 · 93

Lodicule 鱗被 · 123

Longitudinal dehiscence 縱裂 · · · · · · · · · · 139

Lower glume 外穎 · 123

Lower lip 下唇 · 122

Lyrate 琴狀羽裂 / 大頭羽裂 · · · · · · · · · · · · · · 81

M

Main root 主根 / 軸根 · · · · · · · · · · · · · · · · · · 40

Main stem 主莖 / 樹幹 · · · · · · · · · · · · · · · · · · 46

Male flower 雄花 · 113

Margin 葉緣 · 65

Marginal placentation 邊緣胎座 · · · · · · · · · 131

Mesocarp 中果皮 · 155

Microphyll 小型葉 · 9

Midrib 主脈 / 中肋 · 64

Monadelphous stamens 單體雄蕊 · · · · · · · · 134

Monocarpellate 單心皮 · · · · · · · · · · · · · · · · 126

Monocarpous 單心皮 · · · · · · · · · · · · · · · · · · 126

Monocot 單子葉植物 ················ 13

Monocotyledon 單子葉植物 ··········· 13

Monocotyledon 單子葉 ·············· 170

Monoecious 雌雄同株 ·············· 115

Monolocular ovary 單室子房 ········· 128

Mucronate 具短尖的 ··············· 86

Mucronulate 具小短尖的 ············ 86

Multi-pinnately compound leaf 多回羽狀複葉 ····· 103

Multiple fruit 聚花果 / 多花果 ········ 167

Myco-heterophyte 真菌異營植物 ······· 23

Mycorrhiza 菌根 ·················· 42

N

Native plant 原生植物 ·············· 19

Naturalized plant 歸化植物 ·········· 20

Nectar 蜜 ······················· 36

Nectar gland 蜜腺 ················· 36

Nectar guides 蜜源標記 / 蜜源導引 ····· 125

Nectar plant 蜜源植物 ·············· 30

Nectary 蜜腺 ···················· 36

Nerve 葉脈 ······················ 64

Netted vein 網狀脈 ················ 69

Neutral flower 無性花 / 中性花 / 不育花 / 不孕花 ··114

Nitrogen fixing plant 固氮植物 ······· 31

Node 節 ························· 47

Noninvasive plant 非入侵植物 ········ 20

Nut 堅果 ························ 161

Nutlet 小堅果 ···················· 161

O

Obcordate 倒心形 ················· 77

Obcordiform 倒心形 ··············· 77

Obdeltoid 倒三角形 ··············· 80

Oblanceolate 倒披針形 ············· 73

Oblique 歪基 ···················· 87

Oblong 長橢圓形 ················· 75

Obovate 倒卵形 ·················· 76

Obtuse 鈍 ······················ 87

Odd-pinnately compound leaf 奇數羽狀複葉 ···101

Opposite 對生 ················ 104,105

Orbicular 圓形 ··················· 79

Orbiculate 圓形 ·················· 79

Orchid flower 蘭花 ··············· 123

Oval 寬橢圓形 ··················· 75

Ovary 子房 ·················· 111,128

Ovate 卵形 ····················· 76

Ovule 胚珠 ····················· 110

P

Palea 內稃 ····················· 123

Palmately compound leaf 掌狀複葉 ···· 100

Palmate-netted vention 掌狀網脈 ····· 70

Palmatifid 掌狀裂 ················ 96

Pandurate 提琴形 ················ 82

Panduriform 提琴形 ··············· 82

Panicle 圓錐花序 ················· 146

Papilionaceous 蝶形 ·············· 118

Pappus 冠毛 ···················· 163

Parallel venation 平行脈 ··········· 70

Parasitic plant 寄生植物 ··········· 23

Parasitic root 寄生根 ·············· 43

Parietal placentation 側膜胎座 ······ 132

Paripinnately compound leaf 偶數羽狀複葉 ···101

Pedicel 花梗 ···················· 110

Pedicel 小穗柄 ··················· 123

Peduncle 花序梗 ················· 144

Peltate 盾形 ···················· 78

Pepo 瓜果 / 瓠果 ················· 165

Perennial 多年生 ················· 32

Perfect flower 兩性花 ············· 113

Perfoliate 莖穿葉的 ··············· 103

Perianth 花被 ··················· 117

Perianth segment 花被片 ··········· 117

Pericarp 果皮 ··················· 155

Perigynous flower 周位花 ·········· 131

Petal 花瓣 ····················· 110

Petiole 葉柄 ···················· 65

Petiolule 小葉柄 ················· 98

Phloem 韌皮部 ················48,49,50

Phyllary 總苞片 ························142

Phylloclade 葉狀枝 / 葉狀莖 ········58

Phyllotaxis 葉序 ······················104

Phyllotaxy 葉序 ·······················104

Pinnately compound leaf 羽狀複葉 ···100

Pinnately netted venation 羽狀網脈 ···69

Pinnately parallel venation 側出平行脈 / 橫出平行脈 / 羽狀平行脈 ·······················71

Pinnate-netted venation 羽狀網脈 ···69

Pinnatifid 羽狀裂 ·······················96

Pioneer plant 先驅植物 ·················29

Pistil 雌蕊 ·····························111

Pit 核 ································166

Pith 髓 ·······················38,48,49

Plant with drift disseminules 海飄植物 ···26

Plumule 胚芽 ·····················170,171

Poisonous plant 有毒植物 ··············29

Pollen 花粉 ···························141

Pollen plant 粉源植物 ·················30

Pollinium (pl. Pollinia) 花粉塊 ·······141

Polyadelphous stamens 多體雄蕊 ·····135

Polycarpous 多心皮 ···················127

Polygamous 雜性花 ···················114

Polypetalous flower 離瓣花 ···········117

Pome 仁果 / 梨果 ·····················166

Poricidal dehiscence 孔裂 ············140

Porous dehiscence 孔裂 ··············140

Prickle 皮刺 ···························53

Prop root 支持根 ·······················45

Prostrate stem 平臥莖 ·················61

Pseudobulb 假球莖 ·····················57

Pseudo-indusium 假孢膜 ···············10

Pteridophyte 蕨類植物 ·················10

Pterospermous 具翅種子 ···············173

Pyxidium 蓋果 / 蓋裂蒴果 ············158

Pyxis 蓋果 / 蓋裂蒴果 ················158

R

Raceme 總狀花序 ·····················146

Rachilla 小穗軸 ·······················123

Rachis 葉軸 ···························100

Rachis 花序軸 ························144

Radical leaf 基生葉 ···················108

Radicle 胚根 ·····················170,171

Receptacle 花托 ·······················110

Receptacle 總花托 ···················150

Receptacle 果托 / 種托 ···············169

Regular flower 輻射對稱花 / 整齊花 ···116

Reniform 腎形 ·························78

Respiratory root 呼吸根 ···············45

Reticulate vein 網狀脈 ·················69

Retuse 微凹 ···························87

Rhizome 地下莖 / 根莖 / 根狀莖 ·······58

Rhombic 菱形 ·························80

Root 根 ·······························38

Root cap 根冠 ······················38,39

Root hair 根毛 ······················38,39

Root nodule 根瘤 ·······················31

Root succulent 肉質軸根 ···············41

Root tuber 塊根 ·······················41

Rosulate 蓮座狀 ·······················107

Rotate 輪狀 ···························121

Rotund 圓形 ···························79

Rounded 圓 ···························87

S

Sagittate 箭頭形 ·······················83

Saline-tolerant plant 耐鹽植物 ·········27

Salverform 高杯狀 ···················120

Salver-shapd 高杯狀 ·················120

Samara 翅果 ···························161

Sand dune plant 沙丘植物 ·············27

Scale-like 鱗片狀 ·······················84

Scaly bud 鱗芽 ·······················34

Scandent plant 攀緣植物 ···············17

Scape 花葶 ···························141

Schizocarp 離果·······163

Scientific name 學名·······37

Sected 全裂·······95

Seed 種子·······155

Seed coatt 種皮·······170

Sepal 萼片·······111

Serrate 鋸齒狀·······88

Serrulate 細鋸齒狀·······89

Shrub 灌木·······16

Silicle 短角果·······159

Silique 長角果·······159

Simple fruit 單果·······157

Simple leaf 單葉·······98

Sinuate 深波狀·······91

Solitary flower 單頂花序 / 單生花·······153

Sorus (pl. Sori) 孢子囊群·······10

Spadix 佛焰花序 / 肉穗花序·······148

Spathe 佛焰苞·······148

Spatulate 匙形·······81

Spike 穗狀花序·······147

Spikelet 小穗·······123

Sporangium 孢子囊·······11

Spore 孢子·······11

Sporophyll 孢子葉·······67

Sporophyte 孢子體·······8

Spur 距·······124

Spurious fruit 假果·······156

Stamen 雄蕊·······111

Staminal filament tube 雄蕊筒·······134

Standard 旗瓣·······118

Stele 中柱·······38,39

Stem 莖·······46

Stem-clasping 抱莖·······85

Sterile flower 無性花 / 中性花 / 不育花 / 不孕花·······114

Stigma 柱頭·······111

Stipule 托葉·······109

Stolon 走莖·······62

Stomate 氣孔·······68

Stomatic band 氣孔帶·······68

Storage root 儲存根·······41

Straight parallel venation 直出平行脈·······71

Strangler 纏勒現象·······33

Strobilus 孢子葉球 / 毬花 / 孢子囊穗·······154

Strobilus 毬果·······168

Style 花柱·······111

Stylodious 單心皮·······126

Submerged plant 沉水植物·······25

Subulate 鑿形·······84

Succulent fruit 肉果·······164

Succulent plant 多肉植物·······28

Succulent stem 肉質莖·······55

Sucker 吸芽 / 根蘗·······35

Syconium 隱花果 / 隱頭果·······168

Symbiotic plant 共生植物·······22

Sympetalous flower 合瓣花·······119

Syncarpous ovary 合生心皮子房·······129

Syngenesious stamens 聚藥雄蕊·······137

Synpetalous flower 合瓣花·······119

T

Tap root 主根 / 軸根·······40

Tendril 捲鬚·······55

Tepal 花被片·······117

Terminal 頂生·······143

Terminal leaflet 頂小葉·······101

Ternately compound leaf 三出複葉·······99

Testa 種皮·······170

Tetradynamous stamens 四強雄蕊·······136

Thorn 棘刺·······53

Tracheophyte 維管束植物·······9

Trailing plant 蔓性植物·······18

Transverse dehiscence 橫裂·······139

Transversed parallel venation 側出平行脈 / 橫出平行脈 / 羽狀平行脈·······71

Tree 喬木·······15

Tricarpellary 三心皮·······127

Tricarpellate 三心皮·······127

Trifid 三裂·······94

Trifoliolate leaf 三出複葉 ⋯⋯⋯⋯⋯99

Trifoliolately compound leaf 三出複葉 ⋯⋯⋯99

Trilocular ovary 三室子房 ⋯⋯⋯⋯128

Trinerved 三出脈 ⋯⋯⋯68

Tripinnatifid 三回羽狀裂 ⋯⋯⋯97

Trophophyll 營養葉 ⋯⋯⋯67

True fern 真蕨類 ⋯⋯⋯⋯11

True fruit 真果 ⋯⋯⋯⋯156

Truncate 截形 ⋯⋯⋯⋯87

Trunk 主莖 / 樹幹 ⋯⋯⋯⋯46

Tuber 塊莖 ⋯⋯⋯⋯56

Tuberous root 塊根 ⋯⋯⋯41

Tubular 管狀 / 筒狀 ⋯⋯⋯119

Twiner 纏繞植物 ⋯⋯⋯18

Twining plant 纏繞植物 ⋯⋯⋯18

Twining stem 纏繞莖 ⋯⋯⋯63

U

Umbel 繖形花序 ⋯⋯⋯149

Undulate 波狀 ⋯⋯⋯91

Unicarpellate 單心皮 ⋯⋯⋯126

Unicarpellous 單心皮 ⋯⋯⋯126

Unifoliate compound leaf 單身複葉 ⋯⋯⋯99

Unilocular ovary 單室子房 ⋯⋯⋯128

Unipinnately compound leaf 一回羽狀複葉 ⋯⋯⋯102

Unisexual flower 單性花 ⋯⋯⋯113

Upper glume 內穎 ⋯⋯⋯123

Upper lip 上唇 ⋯⋯⋯122

Urceolate 壺狀 ⋯⋯⋯120

Urn-shaped 壺狀 ⋯⋯⋯120

Utricle 胞果 / 囊果 ⋯⋯⋯162

V

Valvular dehiscence 瓣裂 ⋯⋯⋯140

Vascular bundle 維管束 ⋯⋯⋯48,49

Vascular plant 維管束植物 ⋯⋯⋯9

Vein 葉脈 ⋯⋯⋯64

Veinlet 細脈 ⋯⋯⋯64

Ventral suture 腹縫線 ⋯⋯⋯126

Versatile anther 丁字著藥 ⋯⋯⋯138

Vesicle 汁囊 ⋯⋯⋯165

Vexillum 旗瓣 ⋯⋯⋯118

Vine 藤本植物 ⋯⋯⋯16

W

Whorled 輪生 ⋯⋯⋯104,106

Wing 翼瓣 ⋯⋯⋯118

Winged seed 具翅種子 ⋯⋯⋯173

Woody 木質 ⋯⋯⋯54

Woody herb 木質草本 ⋯⋯⋯15

Woody plant 木本植物 ⋯⋯⋯14

Xylem 木質部 ⋯⋯⋯48,49,50

Z

Zygomorphic flower 兩側對稱花 / 不整齊花 ⋯⋯⋯116

收錄植物中文索引

一畫

一枝黃花⋯⋯⋯⋯⋯60
一葉羊耳蒜⋯⋯⋯⋯57
一點紅⋯⋯⋯⋯⋯153

二畫

七日暈⋯⋯⋯⋯⋯75
七葉一枝花⋯⋯⋯106
九芎⋯⋯⋯⋯⋯⋯19
八角蓮⋯⋯⋯⋯78, 130
刀傷草⋯⋯⋯⋯⋯108
十字蒲瓜樹⋯⋯⋯154

三畫

三斗石櫟⋯⋯⋯⋯157
三角大戟⋯⋯⋯⋯55
三角葉西番蓮⋯55, 94
三角榕⋯⋯⋯⋯⋯80
三腳剪⋯⋯⋯⋯⋯163
三腳鱉草⋯⋯⋯⋯99
三葉山芹菜⋯⋯⋯114
丫蕊花⋯⋯⋯⋯⋯127
千年桐⋯⋯⋯⋯⋯20
千根草⋯⋯⋯⋯⋯61
土半夏⋯⋯⋯⋯56, 83
大冇榕⋯⋯⋯⋯⋯168
大王椰子⋯⋯⋯⋯52
大安水簑衣⋯⋯⋯122
大血藤⋯⋯⋯⋯⋯26
大車前草⋯⋯⋯⋯158
大花桑寄生⋯⋯⋯31
大花紫薇⋯⋯⋯⋯131
大花黃鵪菜⋯⋯⋯91
大花落新婦⋯⋯⋯32
大籽當藥⋯⋯⋯⋯138
大野牡丹⋯⋯⋯⋯68
大萍⋯⋯⋯⋯⋯26, 80

大葉山欖⋯⋯⋯⋯12
大葉舌蕨⋯⋯⋯⋯67
大葉南蛇藤⋯⋯⋯117
大葉桃花心木⋯⋯100
大葉海桐⋯⋯⋯⋯144
大葉雀榕⋯⋯⋯⋯44
大葉羅漢松⋯⋯⋯9
大輪月桃⋯⋯⋯⋯71
大頭茶⋯⋯⋯33, 137, 173
小水玉簪⋯⋯⋯⋯132
小白花鬼針⋯⋯⋯144
小白蛾蘭⋯⋯⋯⋯44
小白頭翁⋯⋯⋯⋯113
小杜若⋯⋯⋯⋯⋯13
小花蔓澤蘭⋯⋯⋯21
小茄⋯⋯⋯⋯⋯⋯68
小飛揚草⋯⋯⋯⋯61
小桑樹⋯⋯⋯⋯51, 88
小海米⋯⋯⋯⋯27, 162
小菫菜⋯⋯⋯⋯⋯124
小梗木薑子⋯⋯⋯140
小莕菜⋯⋯⋯⋯25, 77
小麥⋯⋯⋯⋯⋯⋯162
小葉石楠⋯⋯⋯⋯166
小葉冷水麻⋯⋯⋯20
小葉桑⋯⋯⋯⋯51, 88
小葉魚藤⋯⋯⋯⋯118
小實孔雀豆⋯⋯⋯102
小囊山珊瑚⋯⋯⋯23
山月桃⋯⋯⋯⋯⋯91
山芎蕉⋯⋯⋯⋯⋯35
山枇杷⋯⋯⋯⋯88, 166
山芙蓉⋯⋯⋯70, 134, 142
山陀兒⋯⋯⋯⋯⋯99
山柑⋯⋯⋯⋯⋯⋯74
山柚⋯⋯⋯⋯⋯⋯166
山胡椒⋯⋯⋯⋯⋯140

山珠豆⋯⋯⋯⋯⋯118
山梨獼猴桃⋯⋯⋯164
山菊⋯⋯⋯⋯⋯⋯141
山黃梔⋯⋯⋯⋯⋯73
山葵⋯⋯⋯⋯118, 136
山榕⋯⋯⋯⋯⋯33, 75
山龍眼⋯⋯⋯⋯⋯161
山薄荷⋯⋯⋯⋯⋯119
山檳榔⋯⋯⋯⋯⋯52
山蘇花⋯⋯⋯⋯⋯71
山櫻花⋯⋯⋯52, 66, 89

四畫

中原氏鬼督郵⋯⋯137
中國宿柱薹⋯⋯⋯162
丹桂⋯⋯⋯⋯⋯⋯153
五月艾⋯⋯⋯⋯⋯95
五指茄⋯⋯⋯⋯⋯132
五彩石竹⋯⋯⋯⋯133
五節芒⋯⋯⋯⋯⋯42
五葉山芹菜⋯⋯⋯134
五葉黃連⋯⋯⋯96, 127
六角柱⋯⋯⋯⋯⋯55
冇骨消⋯⋯⋯⋯15, 36
反捲葉石松⋯⋯⋯10
天人菊⋯⋯⋯⋯⋯20
天門冬⋯⋯⋯⋯⋯58
天胡荽⋯⋯⋯⋯41, 62
太魯閣石楠⋯⋯⋯148
太魯閣櫟⋯⋯⋯⋯161
巴氏鐵線蓮⋯⋯⋯151
心葉羊耳蒜⋯⋯⋯77
心葉毬蘭⋯⋯⋯⋯77
文殊蘭⋯⋯⋯⋯40, 141
文珠蘭⋯⋯⋯⋯40, 141
日本山茶⋯⋯⋯⋯138
日本前胡⋯⋯⋯⋯163
日本柳杉⋯⋯⋯⋯168
日本商陸⋯⋯⋯⋯145

日本衛矛 …… 90

日本雙葉蘭 …… 79

月桃 …… 70, 109

木棉 …… 66

木賊 …… 9

木槿 …… 112

毛玉葉金花 …… 112

毛竹 …… 20

毛西番蓮 …… 55

毛海棗 …… 51

毛茛 …… 134

毛馬齒莧 …… 158

毛筆天南星 …… 148

毛葉蕨 …… 97

毛葯捲瓣蘭 …… 32, 116

水丁香 …… 118

水毛花 …… 54

水禾 …… 24

水同木 …… 154

水芹菜 …… 102, 126

水金英 …… 24

水冠草 …… 93

水柳 …… 147

水茄苳 …… 113, 146, 155

水晶蘭 …… 23, 139

水筆仔 …… 45

水黃皮 …… 76, 102

水聚藻 …… 24

水蜜桃 …… 166

水辣菜 …… 108, 167

水蕨 …… 34

水鴨腳 …… 70, 93

水蘊草 …… 25

火炭母草 …… 85

火龍果 …… 58

牛奶榕 …… 168

牛皮消 …… 124

牛輒草 …… 139

五畫

仙人球 …… 55

冬青油樹 …… 105, 119

凹果水馬齒 …… 62

出雲山秋海棠 …… 139

包籜箭竹 …… 70, 162

卡氏櫧 …… 169

可可椰子 …… 26

台北肺形草 …… 16

台東漆樹 …… 169

台東蘇鐵 …… 51, 154

台閩苣苔 …… 35, 119

台灣一葉蘭 …… 130

台灣二葉松 …… 29, 72

台灣三角楓 …… 19, 94, 117

台灣大戟 …… 152

台灣小檗 …… 143

台灣山毛櫸 …… 66

台灣山白蘭 …… 68

台灣山菊 …… 144

台灣山薷 …… 28, 32

台灣及己 …… 104

台灣天仙果 …… 150

台灣木通 …… 113

台灣毛蕨 …… 11

台灣水青岡 …… 66

台灣水韭 …… 9, 21

台灣水龍 …… 40

台灣奴草 …… 22

台灣石楠 …… 125

台灣石櫟 …… 76

台灣百合 …… 57, 113, 117

台灣冷杉 …… 60, 168

台灣杉 …… 54, 84

台灣杜鵑 …… 73, 121, 138

台灣肖楠 …… 84

台灣赤楊 …… 74

台灣車前蕨 …… 8

台灣念珠藤 …… 120

台灣油杉 …… 12, 54, 66

台灣泡桐 …… 119

台灣狗娃花 …… 60

台灣狗脊蕨 …… 34

台灣芭蕉 …… 35

台灣金線蓮 …… 75

台灣附地草 …… 152

台灣前胡 …… 114

台灣厚距花 …… 151

台灣扁柏 …… 12

台灣胡麻花 …… 19, 117, 141

台灣烏頭 …… 116

台灣茶藨子 …… 164

台灣草莓 …… 14

台灣草紫陽花 …… 114

台灣馬桑 …… 68

台灣馬兜鈴 …… 63

台灣馬醉木 …… 29, 120

台灣假山葵 …… 159

台灣菫菜 …… 90

台灣雀麥 …… 162

台灣魚藤 …… 22

台灣喜普鞋蘭 …… 153

台灣掌葉槭 …… 96

台灣款冬 …… 141

台灣紫珠 …… 105

台灣華山松 …… 29, 72

台灣萍蓬草 …… 24

台灣雲杉 …… 37, 60

台灣黃芩 …… 106

台灣黃藤 …… 17

台灣黃鵪菜 …… 81, 108

台灣嗩吶草 …… 116, 158

台灣圓腺蕨 …… 11

台灣楤木 …… 102

台灣筷子芥 …… 32

台灣橙木 …… 74

台灣膠木 …… 12

台灣樹參 …… 149

台灣龍膽⋯⋯⋯⋯143
台灣穗花杉⋯⋯⋯68
台灣簀藻⋯⋯⋯⋯25
台灣檫樹⋯⋯⋯⋯12
台灣繡線菊⋯⋯⋯148
台灣寶鐸花⋯⋯⋯117
台灣懸鉤子⋯⋯⋯69
台灣蘋果⋯⋯⋯⋯53
台灣魔芋⋯⋯⋯⋯139
台灣欒樹⋯⋯⋯30, 54
四季豆⋯⋯⋯⋯⋯126
四季秋海棠⋯⋯⋯132
尼泊爾蓼⋯⋯⋯36, 85
布袋蓮⋯⋯⋯⋯⋯24
平原菟絲子⋯⋯18, 63
正榕⋯⋯⋯⋯33, 44, 45
玉山山奶草⋯⋯⋯76
玉山石竹⋯⋯⋯⋯143
玉山佛甲草⋯⋯⋯19
玉山杜鵑⋯⋯⋯⋯125
玉山卷耳⋯⋯⋯28, 145
玉山抱莖籟簫⋯⋯60
玉山肺形草⋯⋯18, 73
玉山金梅⋯⋯⋯⋯101
玉山金絲桃⋯⋯⋯130
玉山柳⋯⋯⋯⋯⋯113
玉山鹿蹄草⋯⋯⋯144
玉山圓柏⋯⋯⋯⋯84
玉山當歸⋯⋯⋯149, 163
玉山箭竹⋯⋯⋯⋯44
玉山舖地蜈蚣⋯⋯13
玉山龍膽⋯⋯⋯⋯125
玉山蠅子草⋯⋯⋯133
玉米⋯⋯⋯⋯⋯⋯13
玉蜀黍⋯⋯⋯⋯⋯13
玉蜂蘭⋯⋯⋯⋯⋯142
瓜子金⋯⋯⋯⋯⋯116
瓜馥木⋯⋯⋯⋯⋯105
甘薯⋯⋯⋯⋯⋯⋯41

田代氏澤蘭⋯⋯⋯88
田字草⋯⋯⋯⋯⋯95
申跋⋯⋯⋯⋯⋯⋯148
白千層⋯⋯⋯⋯36, 51
白水木⋯⋯⋯104, 107
白花八角⋯⋯⋯⋯160
白花小薊⋯⋯⋯⋯96
白花水龍⋯⋯⋯⋯40
白茅⋯⋯⋯⋯⋯⋯144
白珠樹⋯⋯⋯105, 119
白匏子⋯⋯⋯⋯⋯29
白絨懸鉤子⋯⋯⋯102
白菜⋯⋯⋯⋯⋯⋯92
白榕⋯⋯⋯⋯⋯⋯33
白雞油⋯⋯⋯⋯⋯101
石蓮花⋯⋯⋯⋯⋯107

六畫

伏生大戟⋯⋯⋯⋯61
伏石蕨⋯⋯⋯⋯22, 67
光果龍葵⋯⋯⋯⋯164
光風輪⋯⋯⋯⋯⋯122
光蠟樹⋯⋯⋯⋯⋯101
印度田菁⋯⋯⋯⋯31
印度茄⋯⋯⋯⋯91, 164
印度苦菜⋯⋯⋯⋯25
印度橡膠樹⋯⋯⋯45
印度鞭藤⋯⋯⋯⋯17
合果芋⋯⋯⋯⋯⋯42
吉貝棉⋯⋯⋯⋯43, 53
向日葵⋯⋯⋯150, 163
地瓜⋯⋯⋯⋯⋯⋯41
地刷子⋯⋯⋯⋯⋯84
地錢草⋯⋯⋯⋯⋯107
地錦⋯⋯⋯⋯⋯63, 104
尖尾鳳⋯⋯⋯⋯30, 173
尖瓣花⋯⋯⋯⋯⋯130
扛板歸⋯⋯⋯⋯79, 103
早熟禾⋯⋯⋯⋯⋯72

朱頂紅⋯⋯⋯⋯⋯138
朱槿⋯⋯⋯⋯69, 134, 139
朴樹⋯⋯⋯⋯⋯⋯31
江某⋯⋯⋯⋯⋯37, 100
灰葉猴⋯⋯⋯⋯⋯104
百香果⋯⋯18, 94, 116, 172
竹仔菜⋯⋯⋯⋯⋯41
竹柏⋯⋯⋯⋯⋯⋯105
竹葉菜⋯⋯⋯⋯⋯54
米碎柃木⋯⋯⋯⋯33
羊奶頭⋯⋯⋯⋯⋯150
羊蹄⋯⋯⋯⋯⋯⋯92
羊蹄甲⋯⋯⋯110, 112, 131
耳葉拔葜⋯⋯⋯⋯17
艾⋯⋯⋯⋯⋯⋯⋯95
血桐⋯⋯⋯⋯⋯78, 109
血藤⋯⋯⋯⋯⋯17, 160
西洋蒲公英⋯⋯⋯40
西番蓮⋯⋯18, 94, 116, 172

七畫

串鼻龍⋯⋯⋯⋯⋯151
串錢草⋯⋯⋯⋯⋯103
佛氏通泉草⋯⋯⋯108
冷飯藤⋯⋯⋯⋯⋯152
含羞草⋯⋯⋯⋯⋯93
呂宋莢蒾⋯⋯⋯⋯16
忍冬⋯⋯⋯⋯⋯⋯63
旱田草⋯⋯⋯⋯⋯105
李⋯⋯⋯⋯⋯⋯⋯125
杜英⋯⋯⋯⋯⋯⋯90
杜虹花⋯⋯⋯⋯⋯105
沙生馬齒莧⋯⋯⋯28
沙朴⋯⋯⋯⋯⋯⋯31
禿玉山蠅子草⋯⋯28
秀柱花⋯⋯⋯⋯⋯143
芋頭⋯⋯⋯⋯⋯⋯56
芒果⋯⋯⋯⋯⋯⋯114
角仔藤⋯⋯⋯⋯⋯17

車前草 …………………… 108, 158

八畫

亞馬遜王蓮 …………………… 79
兔尾草 …………………… 146
刺柏 …………………… 84, 168
刺茄 …………………… 137
刺莓 …………………… 131
刺萼寒莓 …………………… 78, 167
刺蓼 …………………… 83
坪林秋海棠 …………… 13, 130, 151
姑婆芋 …………… 91, 115, 133
孟宗竹 …………………… 20
孤挺花 …………………… 138
岩大戟 …………………… 152
岩生秋海棠 …………………… 62, 128
披針葉肺形草 …………………… 18, 73
抱樹蕨 …………………… 22, 67
拎樹藤 …………………… 96
昆欄樹 …………… 21, 34, 160
東沙馬齒莧 …………………… 28
東亞大角蕨 …………………… 8
松葉蕨 …………………… 9
枇杷葉灰木 …………………… 153
武竹 …………………… 41
武威山枇杷 …………………… 146
油桐 …………………… 20
油菜 …………………… 30
油跋 …………………… 148
法國菊 …………………… 142
泡果苘 …………………… 77
波葉山螞蝗 …………………… 135
爬森藤 …………………… 173
爬牆虎 …………………… 63, 104
狗尾草 …………………… 152
狗骨仔 …………………… 132
肥豬豆 …………………… 157
肯氏南洋杉 …………………… 173
芡 …………………… 79

芫荽 …………………… 149
虎耳草 …………………… 78
虎婆刺 …………………… 109
金稜邊蘭 …………………… 72
金腰箭舅 …………………… 60
金銀花 …………………… 63
金劍草 …………………… 106
金線草 …………………… 56
金蓮花 …………………… 79
金錢薄荷 …………………… 90
金錦香 …………………… 75
金露花 …………………… 30
長行天南星 …………………… 133, 148
長尾柯 …………………… 169
長尾栲 …………………… 169
長序木通 …………………… 113
長梗花蜈蚣 …………………… 136
長距根節蘭 …………………… 124
長穗木 …………………… 147
阿里山千金榆 …………………… 89
阿里山天胡荽 …………………… 149
阿里山水龍骨 …………………… 9
阿里山舌蕨 …………………… 67
阿里山卷耳 …………………… 117
阿里山菝葜 …………………… 149
阿里山榆 …………………… 161
阿里山落新婦 …………………… 32
阿里山龍膽 …………………… 116
阿里山繁縷 …………………… 80
阿里山櫻花 …………………… 112
阿勃勒 …………………… 137, 145
青剛櫟 …………………… 42, 73
青楓 …………………… 47, 93, 161

九畫

俄氏草 …………………… 35, 119
南五味子 …………………… 167
南天竹 …………………… 103
南台灣秋海棠 …………………… 115

南投寶鐸花 …………………… 70
南洋紅豆杉 …………………… 172
南洋杪欏 …………………… 103
南國小薊 …………………… 85
南湖柳葉菜 …………………… 153
厚皮香 …………………… 137
厚葉柃木 …………………… 75, 115
厚葉牽牛 …………………… 18
厚壁蕨 …………………… 97
咬人狗 …………………… 69
哈哼花 …………………… 136
垂榕 …………………… 33
恆春金午時花 …………………… 61
恆春桑寄生 …………………… 43
恆春鉤藤 …………………… 109
恆春薯蕷 …………………… 35
施丁草 …………………… 121, 158
昭和草 …………………… 163
柔毛樓梯草 …………………… 14
柘樹 …………………… 88
柚子 …………………… 99, 165
柚葉藤 …………………… 22, 99
柿葉茶茱萸 …………………… 105
洋紅風鈴木 …………………… 100
洋紫荊 …………………… 94
洋落葵 …………………… 30, 35
流蘇樹 …………………… 98, 151
珊瑚刺桐 …………………… 135, 146
珊瑚珠 …………………… 29
相思樹 …………………… 19, 74
禺毛茛 …………………… 108, 167
紅仔珠 …………………… 75
紅豆 …………………… 172
紅盔蘭 …………………… 123
紅楠 …………………… 34, 52, 146
紅蓋花 …………………… 104, 120
紅檜 …………………… 84
紅藤仔草 …………………… 37
紅鶴頂蘭 …………………… 123

美人柑⋯⋯⋯⋯⋯⋯165
美人樹⋯⋯⋯⋯⋯53, 134
胡氏懸鉤子⋯⋯⋯⋯96
胡桐⋯⋯⋯⋯⋯⋯⋯88
苗栗崖爬藤⋯⋯⋯⋯99
苦瓜⋯⋯⋯⋯⋯⋯⋯165
苦林盤⋯⋯⋯⋯⋯⋯27
苦苓舅⋯⋯⋯⋯⋯30, 54
苦菜⋯⋯⋯⋯⋯⋯⋯85
苦楝⋯⋯⋯⋯⋯⋯⋯15
苦滇菜⋯⋯⋯⋯⋯⋯85
茄冬⋯⋯⋯⋯15, 99, 166
風箱樹⋯⋯⋯⋯150, 167
風輪菜⋯⋯⋯⋯⋯⋯93
風藤⋯⋯⋯⋯⋯⋯37, 88
香青⋯⋯⋯⋯⋯⋯⋯84
香椿⋯⋯⋯⋯⋯⋯⋯14
香葉樹⋯⋯⋯⋯⋯⋯69
香蕉⋯⋯⋯⋯⋯⋯35, 71

十畫

倒地鈴⋯⋯⋯⋯⋯⋯55
唐棉⋯⋯⋯⋯⋯⋯⋯173
姬書帶蕨⋯⋯⋯⋯⋯8
島田氏月桃⋯⋯⋯⋯142
扇羽陰地蕨⋯⋯⋯⋯8
栓皮櫟⋯⋯⋯⋯⋯⋯157
桂花⋯⋯⋯⋯⋯⋯⋯75
桃實百日青⋯⋯⋯⋯169
桑椹⋯⋯⋯⋯⋯⋯⋯167
桔梗蘭⋯⋯⋯⋯⋯⋯140
浮水蓮花⋯⋯⋯⋯⋯24
海茄苳⋯⋯⋯⋯⋯⋯45
海埔姜⋯⋯⋯⋯⋯⋯27
海馬齒⋯⋯⋯⋯⋯⋯61
海檬果⋯⋯⋯29, 73, 145
烏心石⋯⋯⋯⋯⋯⋯19
烏毛蕨⋯⋯⋯⋯⋯⋯11
烏來月桃⋯⋯⋯⋯⋯71

烏來杜鵑⋯⋯⋯⋯⋯16
烏來柯⋯⋯⋯⋯⋯⋯169
烏腳綠竹⋯⋯⋯⋯⋯59
狹萼豆蘭⋯⋯⋯⋯⋯58
狹葉櫟⋯⋯⋯⋯⋯⋯169
琉球野薔薇⋯⋯⋯⋯153
益母草⋯⋯⋯⋯⋯⋯106
粉黃纓絨花⋯⋯⋯85, 92
粉綠狐尾藻⋯⋯⋯⋯24
翅軸假金星蕨⋯⋯⋯97
胭脂樹⋯⋯⋯⋯⋯⋯132
臭腥草⋯⋯⋯⋯⋯⋯142
茶匙黃⋯⋯⋯62, 81, 107
草海桐⋯⋯⋯⋯⋯⋯27
荔枝⋯⋯⋯⋯⋯⋯⋯172
酒瓶椰子⋯⋯⋯⋯⋯95
釘頭果⋯⋯⋯⋯⋯⋯173
馬利筋⋯⋯⋯⋯30, 173
馬拉巴栗⋯⋯⋯⋯⋯135
馬鈴薯⋯⋯⋯⋯⋯⋯56
馬鞍藤⋯⋯⋯⋯27, 122
馬蹄金⋯⋯⋯⋯⋯⋯78
馬藻⋯⋯⋯⋯⋯⋯⋯25
馬櫻丹⋯⋯⋯⋯30, 148
高山白珠樹⋯⋯⋯⋯120
高山沙參⋯⋯⋯⋯⋯121
高山珠蕨⋯⋯⋯⋯⋯97
高山破傘菊⋯⋯⋯⋯95
高山越橘⋯⋯⋯⋯⋯120
高山當藥⋯⋯⋯⋯⋯129
高山鴨腳木⋯⋯37, 100
高山薔薇⋯⋯⋯⋯53, 89
高山藤繡球⋯⋯⋯⋯143
高山鐵線蓮⋯⋯⋯⋯151
高山露珠草⋯⋯⋯⋯56
高氏桑寄生⋯⋯⋯⋯23
高梁泡⋯⋯⋯⋯⋯⋯146
鬼石櫟⋯⋯⋯98, 113, 147

十一畫

假石松⋯⋯⋯⋯⋯⋯154
假藿香薊⋯⋯⋯⋯⋯80
匙葉鼠麴草⋯⋯⋯⋯81
基隆筷子芥⋯⋯⋯⋯136
基隆澤蘭⋯⋯⋯⋯⋯15
密毛冬青⋯⋯⋯⋯⋯143
密毛假黃楊⋯⋯⋯⋯143
密花苧麻⋯⋯⋯89, 145
崖薑蕨⋯⋯⋯⋯⋯⋯10
彩雲閣⋯⋯⋯⋯⋯⋯55
情人菊⋯⋯⋯⋯⋯⋯96
捲斗櫟⋯⋯⋯⋯⋯⋯31
捲毛秋海棠⋯⋯⋯⋯128
梅花草⋯⋯⋯⋯⋯⋯130
梅峰雙葉蘭⋯⋯⋯⋯79
梔子花⋯⋯⋯⋯⋯⋯73
梜木⋯⋯⋯⋯⋯⋯⋯98
梨⋯⋯⋯⋯⋯⋯⋯⋯164
毬蘭⋯⋯⋯⋯⋯⋯⋯124
清水圓柏⋯⋯⋯⋯⋯66
焊菜（蔊菜）⋯81, 118, 159
異葉山葡萄⋯⋯⋯⋯70
異葉木犀⋯⋯⋯⋯⋯153
異蕊草⋯⋯⋯⋯⋯⋯72
細梗絡石⋯⋯⋯⋯⋯120
細葉真苔⋯⋯⋯⋯⋯8
細葉蕗蕨⋯⋯⋯⋯⋯97
細葉蘭花參⋯⋯⋯⋯61
荷蓮豆草⋯⋯⋯⋯⋯133
荸薺⋯⋯⋯⋯⋯⋯⋯56
蛇莓⋯⋯⋯⋯⋯⋯⋯62
蛇蘚⋯⋯⋯⋯⋯⋯⋯8
通泉草⋯⋯⋯⋯122, 136
野木藍⋯⋯⋯⋯⋯98, 101
野毛蕨⋯⋯⋯⋯⋯⋯10
野牡丹⋯⋯⋯⋯⋯73, 125
野核桃⋯⋯⋯⋯⋯⋯102
野桐⋯⋯⋯⋯⋯⋯⋯36

野棉花 ······ 163
野菰 ······ 23
野蕎麥 ······ 36, 85
雀榕 ······ 33, 75
魚腥草 ······ 142
鹿谷秋海棠 ······ 12
鹿場毛茛 ······ 129

十二畫

喜岩菫菜 ······ 90
戟葉田薯 ······ 35
戟葉蓼 ······ 83
掌葉毛茛 ······ 93
提琴葉榕 ······ 82
斑葉毬蘭 ······ 141
棋盤腳樹 ······ 26, 157
森氏紅淡比 ······ 76
棲蘭山杜鵑 ······ 140
無刺伏牛花 ······ 119
無柄金絲桃 ······ 36
無根草 ······ 16
無梗忍冬 ······ 76
猩猩草 ······ 82
番仔藤 ······ 63, 95, 122
番龍眼 ······ 98
番藷 ······ 41
短柄卵果蕨 ······ 97
短柄金絲桃 ······ 36
短柱山茶 ······ 90
短葉水蜈蚣 ······ 59
稀子蕨 ······ 34
筆筒樹 ······ 52
筆頭蛇菰 ······ 23
紫花酢漿草 ······ 41, 57, 77
紫花鳳仙花 ······ 125
紫花藿香薊 ······ 21
紫苞舌蘭 ······ 71
紫紋捲瓣蘭 ······ 57
紫陽花 ······ 114

紫萼蝴蝶草 ······ 136
紫葉酢漿草 ······ 80
紫薇 ······ 131
紫藤 ······ 20
絡石 ······ 17
絨葉合果芋 ······ 83
菊花木 ······ 9, 94, 131
菜欒藤 ······ 122
菟絲子 ······ 43
菩提樹 ······ 64
華八仙 ······ 114
華中瘤足蕨 ······ 67
華他卡藤 ······ 124, 160
菱 ······ 26
菱形奴草 ······ 43
菱葉柿 ······ 80
菲島福木 ······ 135
萎蕤 ······ 71
著生杜鵑 ······ 140
裂葉艾納香 ······ 81
裂葉秋海棠 ······ 58
酢漿草 ······ 77
雲葉 ······ 21, 34, 160
黃肉樹 ······ 140
黃杉 ······ 14
黃杞 ······ 161
黃果龍葵 ······ 21
黃花月見草 ······ 108
黃花著生杜鵑 ······ 140
黃花過長沙舅 ······ 14
黃花鼠尾草 ······ 83
黃花鳳仙花 ······ 124
黃金葛 ······ 42
黃連木 ······ 101
黃蛾蘭 ······ 44
黃槐 ······ 101
黑板樹 ······ 52, 106
黑果馬瓝兒 ······ 16
黑斑龍膽 ······ 119

十三畫

圓果金柑 ······ 165
圓果秋海棠 ······ 68, 112
圓葉豬殃殃 ······ 106
圓葉鴨跖草 ······ 54
塔花 ······ 122
奧氏虎皮楠 ······ 107
幹花榕 ······ 154
愛玉子 ······ 150
慈姑 ······ 163
新竹風蘭 ······ 44
新店當藥 ······ 36
楊桃 ······ 98
楓香 ······ 46, 89
楝 ······ 15
溪頭豆蘭 ······ 123
溪頭捲瓣蘭 ······ 32, 116
煉莢豆 ······ 135
猿尾藤 ······ 161
稜果榕 ······ 168
聖誕紅 ······ 152
腰只花 ······ 67
落羽杉 ······ 45
落羽松 ······ 45
落葵 ······ 147, 162
葫蘆茶 ······ 99
葶藶 ······ 159
蛺蝶花 ······ 131
蜂草 ······ 119
裡白葉薯榔 ······ 173
過山龍 ······ 37
過山龍 ······ 37
過山龍 ······ 37
鈴木氏油點草 ······ 13
鈴木氏鳳尾蕨 ······ 10
鈴木氏薊 ······ 85
雷公根 ······ 41, 62, 92

十四畫

團扇蕨 ·································· 82
摺疊羊耳蘭 ························ 57
榕樹 ·················· 33, 44, 45
構樹 ····················· 115, 147
滿江紅 ····························· 26
漏盧 ······························ 150
漢氏山葡萄 ······················ 92
瑪瑙珠 ····························· 21
福木 ······························ 135
管唇蘭 ····························· 22
綠豆 ······························· 13
綠花寶石蘭 ······················ 57
綿棗兒 ············· 57, 139, 158
蜘蛛蘭 ····························· 44
蜜蜂花 ··························· 119
裸瓣瓜 ··························· 165
銀杏 ··························· 21, 82
銀葉樹 ····························· 43
銀鈴蟲蘭 ··························· 77
鳳梨 ······························· 35
鳳眼蓮 ····························· 24

十五畫

墨水樹 ··························· 101
廣葉軟葉蘭 ····················· 144
槭葉牽牛 ············· 63, 95, 122
槲樹 ······························· 91
樟樹 ··························· 15, 66
皺葉山蘇花 ······················ 91
皺葉萵苣 ··························· 92
箭葉蓼 ····························· 83
緬梔 ······························· 20
蓬萊珍珠菜 ····················· 121
蓬萊蹄蓋蕨 ······················ 10
蓮子草 ····························· 61
蓮花池山龍眼 ··················· 145
蓮葉桐 ························· 14, 78
蓴菜 ················· 81, 118, 159

蔓蟲豆 ····························· 18
蔥蘭 ······························ 138
蘄艾 ······························· 16
褐毛柳 ··························· 112
豬母乳 ··························· 154
豬腳楠 ················· 34, 52, 146
齒葉矮冷水麻 ····················· 32

十六畫

曇花 ······························· 58
燈稱花 ····························· 74
燈豎杇 ··························· 137
燕尾蕨 ····························· 94
獨行菜 ··························· 159
縞馬 ······························· 28
錫杖花 ····························· 23
頜垂豆 ··························· 160
鴛鴦湖燈心草 ····················· 59
鴨舌草 ····························· 24
鴨兒芹 ····························· 89
龍葵 ······························ 121

十七畫

濕地松 ····························· 72
濱大戟 ··························· 152
濱防風 ····························· 27
濱豇豆 ··························· 118
濱旋花 ····························· 18
濱萊菔 ····················· 136, 159
濱榕 ······························· 82
穗花八寶 ························· 134
穗花佛甲草 ····················· 134
穗花棋盤腳 ········· 113, 146, 155
繁花薯豆 ··························· 69
翼柄花椒 ················· 53, 100
蕺菜 ······························ 142
薄葉碎米蕨 ····················· 103
薄葉蜘蛛抱蛋 ··················· 121
薏苡 ······························ 109

薑 ································· 58
薜荔 ················ 17, 42, 63, 150
闊片烏蕨 ··························· 97

十八畫

檬果 ······························ 114
瀑布鐵角蕨 ······················ 74
繡球花 ··························· 114
翹距根節蘭 ······················ 71
薺 ································· 159
藍睡蓮 ····························· 25
雙花龍葵 ························· 164
雙面刺 ··························· 100
雙扇蕨 ····························· 82
雙輪瓜 ··························· 165
雞母珠 ····················· 160, 172
雞屎藤 ····························· 15
雞蛋花 ····························· 20
鵝掌柴 ··················· 37, 100
鵝掌藤 ··························· 100

十九畫

瓊崖海棠 ··························· 88
蠍子草 ··························· 147
霧社木薑子 ····················· 140
類雛菊飛蓬 ······················ 81
鵲不踏 ··························· 102
麒麟花 ····························· 53

二十畫

寶島羊耳蒜 ····················· 109
蘆竹藤 ····························· 17
蘇鐵 ··························· 12, 141
蘋果 ······························ 166
鐘萼木 ··························· 157
麵包樹 ····················· 43, 167

二十一畫

欅 ································· 59

蘭嶼土沉香⋯⋯⋯⋯⋯107

蘭嶼秋海棠⋯⋯⋯⋯⋯28

蘭嶼落葉榕⋯⋯⋯⋯⋯168

蘭嶼羅漢松⋯⋯⋯⋯154, 169

蘭嶼蘋婆⋯⋯⋯⋯⋯⋯51

蠟著頦蘭⋯⋯⋯⋯⋯⋯22

鐵十字秋海棠⋯⋯⋯⋯132

鐵色⋯⋯⋯⋯⋯⋯⋯⋯74

鐵莧菜⋯⋯⋯⋯⋯⋯⋯142

鐵線蕨葉人字果⋯⋯⋯32

二十二畫

巒大秋海棠⋯⋯⋯⋯⋯58

巒大當藥⋯⋯⋯⋯⋯⋯138

二十三畫

鱗芽裏白⋯⋯⋯⋯⋯⋯34

二十四畫

鱧腸⋯⋯⋯⋯⋯⋯54, 133

二十五畫

欖仁⋯⋯⋯⋯⋯⋯⋯⋯76

欖仁舅⋯⋯⋯⋯⋯⋯⋯69

觀音棕竹⋯⋯⋯⋯⋯⋯95

二十八畫

豔紅百合⋯⋯⋯⋯⋯⋯138

豔紅鹿子百合⋯⋯⋯⋯138

收錄植物學名索引

A

Abies kawakamii (Hayata) Tak. Itô 台灣冷杉 · 60, 168

Abrus precatorius L. 雞母珠 · 160, 172

Abutilon crispum (L.) Medik. 泡果苘 · 77

Acacia confusa Merr. 相思樹 · 19, 74

Acalypha australis L. 鐵莧菜 · 142

Acer albopurpurascens Hayata var. *formosanum* (Hayata *ex* Koidz.) C. Y. Tzeng & S. F. Huang 台灣三角楓 · 19, 94, 117

Acer palmatum Thunb. var. *pubescens* H. L. Li 台灣掌葉槭 · 96

Acer serrulatum Hayata 青楓 · 47, 93, 161

Aconitum fukutomei Hayata 台灣烏頭 · 116

Actinidia rufa (Siebold & Zucc.) Planch. *ex* Miquel 山梨獼猴桃 · 164

Adenanthera microsperma Teijsm. & Binn. 小實孔雀豆 · 102

Adenophora morrisonensis Hayata subsp. *uehatae* (Yamam.) Lammers 高山沙參 · 121

Aeginetia indica L. 野菰 · 23

Ageratina adenophora (Spreng.) R. M. King & H. Rob. 假藿香薊 · 80

Ageratum houstonianum Mill. 紫花藿香薊 · 21

Ainsliaea secundiflora Hayata 中原氏鬼督郵 · 137

Akebia longeracemosa Matsum. 長序木通（台灣木通）· 113

Alnus formosana (Burkill *ex* Forbes & Hemsl.) Makino 台灣赤楊（台灣榿木）· 74

Alocasia odora (Lodd.) Spach. 姑婆芋 · 91, 115, 133

Alpinia intermedia Gagnep. 山月桃 · 91

Alpinia shimadae Hayata 島田氏月桃 · 142

Alpinia uraiensis Hayata 烏來月桃（大輪月桃）· 71

Alpinia zerumbet (Pers.) B. L. Burtt & R. M. Sm. 月桃 · 70, 109

Alstonia scholaris (L.) R. Br. 黑板樹 · 52, 106

Alternanthera sessilis (L.) R. Br. 蓮子草 · 61

Alysicarpus vaginalis (L.) DC. 煉莢豆 · 135

Alyxia taiwanensis S. Y. Lu & Yuen P. Yang 台灣念珠藤 · 120

Amentotaxus formosana Li 台灣穗花杉 · 68

Amorphophallus henryi N. E. Br. 台灣魔芋 · 139

Ampelopsis brevipedunculata (Maxim.) Trautv. var. *hancei* (Planch.) Rehder 漢氏山葡萄 · 92

Ampelopsis glandulosa (Wall.) Momiy. var. *heterophylla* (Thunb.) Momiy. 異葉山葡萄 · 70

Ananas comosus (L.) Merr. 鳳梨 · 35

Anaphalis morrisonicola Hayata 玉山抱莖籟簫 · 60

Androsace umbellata (Lour.) Merr. 地錢草 · 107

Anemone vitifolia Buch.-Ham. *ex* DC. 小白頭翁 · 113

Angelica morrisonicola Hayata 玉山當歸 · 149, 163

Anisomeles indica (L.) Kuntze 金劍草 · 106

Anoectochilus formosanus Hayata 台灣金線蓮 · 75

Anredera cordifolia (Tenore) van Steenis 洋落葵 · 30, 35

Antrophyum formosanum Hieron. 台灣車前蕨 · 8

Arabis formosana (Masam. *ex* S. F. Huang) T. S. Liu & S. S. Ying 台灣筷子芥 · 32

Arabis stelleris DC. 基隆筷子芥 · 136

Aralia decaisneana Hance 鵲不踏（台灣楤木）· 102

Araucaria cunninghamii Sweet 肯氏南洋杉 · 173

Archidendron lucidum (Benth.) I. C. Nielsen 頷垂豆 · 160

Argostemma solaniflorum Elmer 水冠草 · 93

Arisaema consanguineum Schott 長行天南星 · 133, 148

Arisaema grapsospadix Hayata 毛筆天南星 · 148

Arisaema ringens (Thunb.) Schott 申跋（油跋）· 148

Aristolochia shimadae Hayata 台灣馬兜鈴 · 63

Artemisia indica Willd. 艾（五月艾）· 95

Artocarpus communis J. R. Forst. & G. Forst. 麵包樹 · 43, 167

Arundinaria usawae Hayata 包籜箭竹 · 70, 162

Asclepias curassavica L. 馬利筋（尖尾鳳）· 30, 173

Asparagus aethiopicus L. 武竹 · 41

Asparagus cochinchinensis (Lour.) Merr. 天門冬 · 58

Aspidistra attenuata Hayata 薄葉蜘蛛抱蛋 · 121

Asplenium antiquum Makino 山蘇花 · 71

Asplenium cataractarum Rosenst. 瀑布鐵角蕨 ⋯⋯ 74

Asplenium nidus L. cv. Plicatum 皺葉山蘇花 ⋯⋯ 91

Aster formosanus Hayata 台灣山白蘭 ⋯⋯ 68

Aster oldhamii Hemsl. 台灣狗娃花 ⋯⋯ 60

Astilbe macroflora Hayata 阿里山落新婦（大花落新婦）⋯⋯ 32

Astronia ferruginea Elmer 大野牡丹 ⋯⋯ 68

Athyrium nigripes (Blume) T. Moore 蓬萊蹄蓋蕨 ⋯ 10

Averrhoa carambola L. 楊桃 ⋯⋯ 98

Avicennia marina (Forssk.) Vierh. 海茄苳 ⋯⋯ 45

Azolla pinnata R. Br. 滿江紅 ⋯⋯ 26

B

Balanophora harlandii J. D. Hooker 筆頭蛇菰 ⋯ 23

Bambusa edulis (Odashima) Keng 烏腳綠竹 ⋯⋯ 59

Barnardia japonica (Thunb.) Schult. & Schult. f. 綿棗兒 ⋯⋯ 57, 139, 158

Barringtonia asiatica (L.) Kurz 棋盤腳樹 ⋯ 26, 157

Barringtonia racemosa (L.) Blume *ex* DC. 穗花棋盤腳（水茄苳）⋯⋯ 113, 146, 155

Basella alba L. 落葵 ⋯⋯ 147, 162

Bauhinia championii (Benth.) Benth. 菊花木 ⋯⋯⋯ 9, 94, 131

Bauhinia purpurea L. 洋紫荊 ⋯⋯ 94

Bauhinia variegata L. 羊蹄甲 ⋯⋯ 110, 112, 131

Begonia austrotaiwanensis Y. K. Chen & C. I Peng 南台灣秋海棠 ⋯⋯ 115

Begonia chuyunshanensis C. I Peng & Y. K. Chen 出雲山秋海棠 ⋯⋯ 139

Begonia cirrosa L. B. Sm. & Wassh. 捲毛秋海棠 ⋯ 128

Begonia cucullata Willd. 四季秋海棠 ⋯⋯ 132

Begonia fenicis Merr. 蘭嶼秋海棠 ⋯⋯ 28

Begonia formosana (Hayata) Masam. 水鴨腳 ⋯ 70, 93

Begonia longifolia Blume 圓果秋海棠 ⋯⋯ 68, 112

Begonia lukuana Y. C. Liu & C. H. Ou 鹿谷秋海棠 ⋯ 12

Begonia masoniana Irmsch. *ex* Ziesenh. 鐵十字秋海棠 ⋯⋯ 132

Begonia palmata D. Don 裂葉秋海棠（巒大秋海棠）⋯⋯ 58

Begonia pinglinensis C. I Peng 坪林秋海棠 ⋯⋯⋯ 13, 130, 151

Begonia ravenii C. I Peng & Y. K. Chen 岩生秋海棠 ⋯⋯ 62, 128

Berberis kawakamii Hayata 台灣小檗 ⋯⋯ 143

Bidens pilosa L. var. *minor* (Blume) Sherff 小白花鬼針 ⋯⋯ 144

Bischofia javanica Blume 茄冬 ⋯⋯ 15, 99, 166

Bixa orellana L. 胭脂樹 ⋯⋯ 132

Blechnum orientale L. 烏毛蕨 ⋯⋯ 11

Blumea laciniata (Roxb.) DC. 裂葉艾納香 ⋯⋯ 81

Blyxa echinosperma (C. B. Clarke) Hook. f. 台灣簀藻 ⋯⋯ 25

Boehmeria densiflora Hook. & Arn. 密花苧麻 ⋯ 89, 145

Bombax ceiba L. 木棉 ⋯⋯ 66

Botrychium lunaria (L.) Sw. 扇羽陰地蕨 ⋯⋯ 8

Brassica napus L. 油菜 ⋯⋯ 30

Brassica rapa L. subsp. *campestris* (L.) A. R. Clapham 白菜 ⋯⋯ 92

Bretschneidera sinensis Hemsl. 鐘萼木 ⋯⋯ 157

Breynia vitis-idaea (Burm. f.) C. E. Fischer 紅仔珠（七日暈）⋯⋯ 75

Bromus formosanus Honda 台灣雀麥 ⋯⋯ 162

Broussonetia papyrifera (L.) L'Her. *ex* Vent. 構樹 ⋯⋯⋯ 115, 147

Bryum capillare L. *ex* Hedw. 細葉真苔 ⋯⋯ 8

Bulbophyllum drymoglossum Maxim. *ex* Okubo 狹萼豆蘭 ⋯⋯ 58

Bulbophyllum griffithii (Lindl.) Rchb. f. 溪頭豆蘭 ⋯ 123

Bulbophyllum melanoglossum Hayata 紫紋捲瓣蘭 ⋯ 57

Bulbophyllum omerandrum Hayata 毛藥捲瓣蘭（溪頭捲瓣蘭）⋯⋯ 32, 116

C

Caesalpinia pulcherrima (L.) Sw. 蛺蝶花 ⋯⋯ 131

Cajanus scarabaeoides (L.) du Petit-Thouars 蔓蟲豆 ⋯⋯ 18

Calamus formosanus Becc. 台灣黃藤 ⋯⋯ 17

Calanthe aristulifera Rchb. f. 翹距根節蘭 ⋯⋯ 71

196

Calanthe sylvatica (Thouars) Lindl. 長距根節蘭 ···124

Callicarpa formosana Rolfe 杜虹花（台灣紫珠）·105

Callitriche peploides Nutt. 凹果水馬齒 ···············62

Calocedrus macrolepis Kurz var. *formosana* (Florin) Cheng & L.K. Fu. 台灣肖楠 ···········84

Calophyllum inophyllum L. 瓊崖海棠（胡桐）·····88

Calyptocarpus vialis Less. 金腰箭舅 ···············60

Calystegia soldanella (L.) R. Br. 濱旋花 ···········18

Camellia brevistyla (Hayata) Coh.-Stuart 短柱山茶·90

Camellia japonica L. 日本山茶 ···············138

Canavalia lineata (Thunb. *ex* Murray) DC. 肥豬豆·

·····································157

Canscora lucidissima（H. Lév. & Vaniot）Hand.-Mazz. 串錢草 ···········103

Capparis sikkimensis Kurz subsp. *formosana* (Hemsl.) Jacobs 山柑 ···········74

Capsella bursa-pastoris (L.) Medic. 薺 ···········159

Cardamine flexuosa With. 焊菜 ·······81, 118, 159

Cardiandra alternifolia Sieb. Zucc. 台灣草紫陽花·114

Cardiospermum halicacabum L. 倒地鈴 ···········55

Carex pumila Thunb. 小海米 ···············27, 162

Carex sociata Boott 中國宿柱薹 ···············162

Carpinus kawakamii Hayata 阿里山千金榆 ·······89

Caryopteris incana (Thunb. *ex* Houtt.) Miq. 灰葉蕕

·····································104

Cassia fistula L. 阿勃勒 ···············137, 145

Cassytha filiformis L. 無根草 ···············16

Castanopsis carlesii (Hesml.) Hayata 長尾栲（長尾柯、卡氏櫧）···········169

Castanopsis uraiana (Hayata) Kaneh. 烏來柯 ·····169

Ceiba pentandra (L.) Gaertn. 吉貝棉 ·······43, 53

Ceiba speciosa (A. St.-Hil.) Ravenna 美人樹 · 53, 134

Celastrus kusanoi Hayata 大葉南蛇藤 ···········117

Celtis sinensis Pers. 朴樹（沙朴）···········31

Centella asiatica (L.) Urb. 雷公根 ·······41, 62, 92

Centrosema pubescens Benth. 山珠豆 ···········118

Cephalanthus naucleoides DC. 風箱樹 ·····150, 167

Cerastium arisanensis Hayata 阿里山卷耳 ·······117

Cerastium trigynum Vill. var. *morrisonense* (Hayata)

Hayata 玉山卷耳 ···············28, 145

Ceratopteris thalictroides (L.) Brongn. 水蕨 ·······34

Cerbera manghas L. 海檬果 ···········29, 73, 145

Cereus peruvianus (L.) Mill. 六角柱 ···········55

Chamaecyparis formosensis Matsum. 紅檜 ·······84

Chamaecyparis taiwanensis Masam. & Suzuki 台灣扁柏

·····································12

Champereia manillana (Blume) Merr. 山柚 ·······166

Cheilanthes tenuifolia (Burm. f.) Sw. 薄葉碎米蕨 ·103

Cheilotheca humilis (D. Don) H. Keng 水晶蘭·23, 139

Cheiropleuria bicuspis (Blume) C. Presl 燕尾蕨 ···94

Chionanthus retusus Lindl. & Paxt. 流蘇樹 ···98, 151

Chloranthus oldhamii Solms 台灣及己 ···········104

Cinnamomum camphora (L.) J. Presl 樟樹 ·····15, 66

Circaea alpina L. subsp. *imaicola* (Asch. & Mag.) Kitam. 高山露珠草 ···········56

Cirsium japonicum DC. var. *australe* Kitam. 南國小薊

·····································85

Cirsium japonicum DC. var. *takaoense* Kitam. 白花小薊

·····································96

Cirsium suzukii Kitam. 鈴木氏薊 ···········85

Citrus × tangelo J. W. Ingram & H. E. Moore 'Minneola' 美人柑 ···········165

Citrus maxima (Burm.) Merr. 柚子 ·······99, 165

Clematis grata Wall. 串鼻龍 ···········151

Clematis parviloba Gard. *ex* Champ. subsp. *bartlettii* (Yamam.) T.T.A. Yang T.C. Huang 巴氏鐵線蓮·151

Clematis tsugetorum Ohwi 高山鐵線蓮 ···········151

Clerodendrum inerme (L.) Gaertn. 苦林盤 ·······27

Cleyera japonica Thunb. var. *morii* (Yamam.) Masam. 森氏紅淡比 ···········76

Clinopodium chinense (Benth.) Kuntze 風輪菜·····93

Clinopodium gracile (Benth.) Kuntze 光風輪（塔花）

·····································122

Cocos nucifera L. 可可椰子 ···········26

Codonopsis kawakamii Hayata 玉山山奶草 ·······76

Coix lacryma-jobi L. 薏苡 ···········109

Colocasia esculenta (L.) Schott 芋頭 ···········56

Commelina benghalensis L. 圓葉鴨跖草（竹葉菜）··· ·······54

Commelina diffusa Burm. f. 竹仔菜 ·······41

Conocephalum conicum (L.) Dum. 蛇蘚 ·······8

Coptis quinquefolia Miq. 五葉黃連 ·······96, 127

Cori andrum sativum L. 芫荽 ·······149

Coriaria intermedia Matsum. 台灣馬桑 ·······68

Corybas taiwanensis T. P. Lin & S. Y. Leu 紅盔蘭 123

Cotoneaster morrisonensis Hayata 玉山舖地蜈蚣 ··13

Crassocephalum crepidioides (Benth.) S. Moore 昭和草 ·······163

Crescentia cujete L. 十字蒲瓜樹 ·······154

Crinum asiaticum L. 文殊蘭（文珠蘭）·······40, 141

Crossostephium chinense (L.) Makino 蘄艾 ·······16

Cryptogramma brunoniana Wall. *ex* Hook. & Grev. 高山珠蕨 ·······97

Cryptomeria japonica (L. f.) D. Don 日本柳杉 ···168

Cryptotaenia japonica Hassk. 鴨兒芹 ·······89

Cuscuta australis R. Br. 菟絲子 ·······43

Cuscuta campestris Yunck. 平原菟絲子 ·······18, 63

Cyathea lepifera (J. Sm. *ex* Hook.) Copel. 筆筒樹 ··52

Cyathea loheri H. Christ 南洋桫欏 ·······103

Cycas revoluta Thunb. 蘇鐵 ·······12, 141

Cycas taitungensis C. F. Shen , K. D. Hill , C. H. Tsou & C. J. Chen 台東蘇鐵 ·······51, 154

Cyclosorus dentatus (Forssk.) Ching 野毛蕨 ·······10

Cyclosorus taiwanensis (C. Chr.) H. Ito 台灣毛蕨（台灣圓腺蕨）·······11

Cymbidium floribundum Lindl. 金稜邊蘭 ·······72

Cynanchum atratum Bunge 牛皮消 ·······124

Cypripedium formosanum Hayata 台灣喜普鞋蘭（一點紅）·······153

D

Damnacanthus angustifolius Hayata 無刺伏牛花 ··119

Daphniphyllum glaucescens Bl. subsp. *oldhamii* (Hemsl.) Huang 奧氏虎皮楠 ·······107

Dendrocnide meyeniana (Walp.) Chew 咬人狗 ·······69

Dendropanax dentiger (Harms *ex* Diels) Merr. 台灣樹參 ·······149

Desmodium sequax Wall. 波葉山螞蝗 ·······135

Dianella ensifolia (L.) DC. 桔梗蘭 ·······140

Dianthus chinensis L. 五彩石竹 ·······133

Dianthus pygmaeus Hayata 玉山石竹 ·······143

Dichocarpum adiantifolium (Hook. f. & Thomson) W. T. Wang & P. K. Hsiao 鐵線蕨葉人字果 ·······32

Dichondra micrantha Urb. 馬蹄金 ·······78

Dioscorea cirrhosa Lour. 裡白葉薯榔 ·······173

Dioscorea doryphora Hance 戟葉田薯（恆春薯蕷）·······35

Diospyros rhombifolia Hemsl. 菱葉柿 ·······80

Diplocyclos palmatus (L.) C. Jeffrey 雙輪瓜 ·······165

Diplopterygium laevissimum (H. Christ) Nakai 鱗芽裏白 ·······34

Dipteris conjugata Reinw. 雙扇蕨 ·······82

Disporum kawakamii Hayata 台灣寶鐸花 ·······117

Disporum sessile D. Don. var. *internedium* (Hara) Y. H. Tseng & C. T. Chao 南投寶鐸花 ·······70

Draba sekiyana Ohwi 台灣山薺 ·······28, 32

Dregea volubilis (L. f.) Benth. *ex* Hook. f. 華他卡藤 ·······124, 160

Drymaria diandra Blume 荷蓮豆草 ·······133

Drypetes littoralis (C. B. Rob.) Merr. 鐵色 ·······74

Duchesnea indica (Andr.) Focke 蛇莓 ·······62

Duranta erecta L. 金露花 ·······30

Dysosma pleiantha (Hance) Woodson 八角蓮 ··78, 130

E

Echinops grijsii Hance 漏盧 ·······150

Echinopsis multiplex (Pfeiff.) Zucc. *ex* Pfeiff. & Otto 仙人球 ·······55

Eclipta prostrata (L.) L. 鱧腸 ·······54, 133

Egeria densa Planch. 水蘊草 ·······25

Eichhornia crassipes (Mart.) Solms 布袋蓮（鳳眼蓮、浮水蓮花）·······24

Elaeocarpus multiflorus (Turcz.) Fern.-Vill. 繁花薯豆 ·······69

Elaeocarpus sylvestris (Lour.) Poir. 杜英 ············90

Elaphoglossum conforme (Sw.) Schott 大葉舌蕨（阿里山舌蕨）············67

Elatostema villosum B. L. Shih & Yuen P. Yang 柔毛樓梯草············14

Eleocharis dulcis (Burm. f.) Trin. *ex* Hensch. 荸薺··56

Elephantopus scaber L. 燈豎杇············137

Emilia praetermissa Milne-Redh. 粉黃纓絨花··85, 92

Engelhardtia roxburghiana Wall. 黃杞············161

Epigeneium nakaharaei (schltr.) Summerh. 蠟著頦蘭 ············22

Epilobium nankotaizanense Yamam. 南湖柳葉菜··153

Epiphyllum oxypetalum Haw. 曇花············58

Epipremnum pinnatum (L.) Engl. cv. Aureum 黃金葛 ············42

Epipremnum pinnatum (L.) Engl. *ex* Engl. & Kraus 拎樹藤············96

Equisetum ramosissimum Desf 木賊············9

Erigeron bellidioides DC. 類雛菊飛蓬············81

Eriobotrya deflexa (Hemsl.) Nakai 山枇杷···88, 166

Eriobotrya deflexa (Hemsl.) Nakai f. *buisanensis* (Hayata) Nakai 武威山枇杷············146

Erythrina corallodendron L. 珊瑚刺桐············135, 146

Euonymus japonicus Thunb. 日本衛矛············90

Eupatorium clematideum (Wall. *ex* DC.) Sch. Bip. 田代氏澤蘭············88

Eupatorium kiirunense (Kitam.) C. H. Ou & S. W. Chung 基隆澤蘭············15

Euphorbia atoto G. Forst. 濱大戟············152

Euphorbia cyathophora Murray 猩猩草············82

Euphorbia jolkinii Boiss. 岩大戟（台灣大戟）············152

Euphorbia milii Des Moul. 麒麟花············53

Euphorbia prostrata Aiton 伏生大戟············61

Euphorbia pulcherrima Willd. *ex* Klotzsch 聖誕紅·152

Euphorbia thymifolia L. 千根草（小飛揚草）············61

Euphorbia trigona Mill. 三角大戟（彩雲閣）············55

Eurya chinensis R. Br. 米碎柃木············33

Eurya glaberrima Hayata 厚葉柃木············75, 115

Euryale ferox Salisb. 芡············79

Euryops chrysanthemoides (DC.) B. Nord 情人菊··96

Eustigma oblongifolium Gardn. & Champ. 秀柱花·143

Eutrema japonica (Miq.) Koidz. 山葵············118, 136

Excoecaria kawakamii Hayata 蘭嶼土沉香············107

F

Fagus hayatae Palib. 台灣水青岡（台灣山毛櫸）··66

Farfugium japonicum (L.) Kitam. 山菊············141

Farfugium japonicum (L.) Kitam. var. *formosanum* (Hayata) Kitam. 台灣山菊············144

Ficus benjamina L. 白榕（垂榕）············33

Ficus caulocarpa (Miq.) Miq. 大葉雀榕············44

Ficus elastica Roxb. 印度橡膠樹············45

Ficus erecta Thunb. var. *beecheyana* (Hook. & Arn.) King 牛奶榕············168

Ficus fistulosa Reinw. *ex Blume* 豬母乳（水同木）············154

Ficus formosana Maxim. 台灣天仙果（羊奶頭）·150

Ficus lyrata Warb. 提琴葉榕············82

Ficus microcarpa L. f. 榕樹（正榕）············33, 44, 45

Ficus pumila L. 薜荔············17, 42, 63, 150

Ficus pumila L. var. *awkeotsang* (Makino) Corner 愛玉子············150

Ficus religosa L. 菩提樹············64

Ficus ruficaulis Merr. var. *antaoensis* (Hayata) Hatus. & J. C. Liao 蘭嶼落葉榕············168

Ficus septica Burm. f. 大冇榕（稜果榕）············168

Ficus subpisocarpa Gagnep. 雀榕（山榕）···33, 75

Ficus tannoensis Hayata 濱榕············82

Ficus triangularis Warb. 三角榕············80

Ficus variegata Blume 幹花榕············154

Fissistigma oldhamii (Hemsl.) Merr. 瓜馥木············105

Flagellaria indica L. 印度鞭藤（蘆竹藤、角仔藤）············17

Fortunella japonica Swingle 圓果金柑············165

Fragaria hayatae Makine 台灣草莓············14

Fraxinus griffithii C. B. Clarke 白雞油（光蠟樹）·101

199

G

Gaillardia pulchella Foug. 天人菊 ························20

Galeola falconeri Hook. f. 小囊山珊瑚 ··············23

Galium formosense Ohwi 圓葉豬殃殃 ··············106

Garcinia multiflora Champ. 福木 ·····················135

Garcinia subelliptica Merr. 菲島福木 ··············135

Gardenia jasminoides J. Ellis 山黃梔（梔子花）···73

Gaultheria cumingiana Vidal 白珠樹（冬青油樹）····

··105, 119

Gaultheria itoana Hayata 高山白珠樹 ···········120

Gentiana arisanensis Hayata 阿里山龍膽 ·········116

Gentiana davidii Franch. var. *formosana* (Hayata) T. N.

Ho 台灣龍膽 ···143

Gentiana scabrida Hayata 玉山龍膽 ···············125

Gentiana scabrida Hayata var. *punctulata* S. S. Ying

黑斑龍膽 ··119

Ginkgo biloba L. 銀杏 ···························21, 82

Girardinia diversifolia (Link) Friis 蠍子草 ·······147

Glehnia littoralis F. Schmidt *ex* Miq. 濱防風 ······27

Gnaphalium pensylvanicum Willd. 匙葉鼠麴草 ·····81

Gomphocarpus fruticosus R. Br. 唐棉（釘頭果）·173

Gonocaryum calleryanum (Baill.) Becc. 柿葉茶茱萸···

··105

Gonocormus minutus (Blume) Bosch 團扇蕨 ······82

Gordonia axillaris (Roxb.) Dietr. 大頭茶·33, 137, 173

Graptopetalum paraguayense (N.E. Br.) E. Walther 石

蓮花 ··107

Gymnopetalum chinense (Lour.) Merr. 裸瓣瓜 ·····165

Gymnosiphon aphyllus Blume 小水玉簪 ···········132

H

Habenaria ciliolaris F. Kranzl. 玉蜂蘭 ············142

Haematoxylon campechianum L. 墨水樹 ··········101

Haplopteris anguste-elongata (Hayata) E. H. Crane 姬

書帶蕨 ··8

Helianthus annuus L. 向日葵 ··············150, 163

Helicia formosana Hemsl. 山龍眼 ···················161

Helicia rengetiensis Masam. 蓮花池山龍眼 ·······145

Heliotropium indicum L. 狗尾草 ·····················152

Heloniopsis umbellata Baker 台灣胡麻花·19, 117, 141

Hemiphragma heterophyllum Wall. 腰只花 ·········67

Heritiera littoralis Dryand. 銀葉樹 ··················43

Hernandia nymphiifolia (C. Presl) Kubitzki 蓮葉桐···

··14, 78

Hibiscus rosa-sinensis L. 朱槿 ············69, 134, 139

Hibiscus syriacus L. 木槿 ·····························112

Hibiscus taiwanensis S. Y. Hu 山芙蓉····70, 134, 142

Hippeastrum hybridum Hort. 孤挺花（朱頂紅）···138

Hiptage benghalensis (L.) Kurz. 猿尾藤 ···········161

Houttuynia cordata Thunb. 蕺菜（臭腥草、魚腥草）

··142

Hoya carnosa 'Variegata' 斑葉毬蘭 ···············141

Hoya carnosa (L. f.) R. Br. 毬蘭 ····················124

Hoya Kerrii Craib 心葉毬蘭 ··························77

Huernia zebrina N. E. Br. 縞馬 ······················28

Hydrangea aspera D. Don 高山藤繡球 ············143

Hydrangea chinensis Maxim. 華八仙 ···············114

Hydrangea macrophylla (Thunb.) Ser. 繡球花（紫陽

花） ··114

Hydrocleys nymphoides (Willd.) Buchenau 水金英···24

Hydrocotyle setulosa Hayata 阿里山天胡荽 ·······149

Hydrocotyle sibthorpioides Lam. 天胡荽 ······41, 62

Hygrophila pogonocalyx Hayata 大安水簑衣 ·······122

Hygroryza aristata (Retz) Nees *ex* Wight & Arn. 水禾···

··24

Hylocereus undatus (Haw.) Britton & Rose 火龍果·58

Hyophorbe amaricaulis Mart. 酒瓶椰子···········95

Hypericum nagasawae Hayata 玉山金絲桃·········130

Hypericum taihezanense Sasaki 短柄金絲桃（無柄金

絲桃） ··36

I

Ilex asprella (Hook. & Arn.) Champ. 燈稱花···74

Ilex pubescens Hook. & Arn. 密毛冬青（密毛假黃

楊） ··143

Illicium philippinense Merr. 白花八角 ···········160

Impatiens tayemonii Hayata 黃花鳳仙花 ··········124

Impatiens uniflora Hayata 紫花鳳仙花 ············125

Imperata cylindrica (L.) P. Beauv. var. *major* (Nees) C. E. Hubb. *ex* Hubb. & Vaughan 白茅·········144

Indigofera suffruticosa Mill. 野木藍·········98, 101

Ipomoea batatas (L.) Lam. 地瓜（甘薯、番藷）·········41

Ipomoea cairica (L.) Sweet 番仔藤（槭葉牽牛）·········63, 95, 122

Ipomoea imperati (Vahl) Griseb. 厚葉牽牛·········18

Ipomoea pes-caprae (L.) R. Br. subsp. *brasiliensis* (L.) Oostst. 馬鞍藤·········27, 122

Isoetes taiwanensis DeVol 台灣水韭·········9, 21

Ixeridium laevigatum (Blume) J. H. Pak & Kawano 刀傷草·········108

J

Juglans mandshurica Maxim. 野核桃·········102

Juncus tobdenii Noltie 鴛鴦湖燈心草·········59

Juniperus chinensis L. var. *taiwanensis* R. P. Adams & C. F. Hsieh 清水圓柏·········66

Juniperus formosana Hayata 刺柏·········84, 168

Juniperus squamata Buch.-Ham. *ex* Lamb. 香青（玉山圓柏）·········84

K

Kadsura japonica (L.) Dunal 南五味子·········167

Kandelia obovata Sheue, H. Y. Liu & J. W. H. Yong 水筆仔·········45

Keteleeria davidiana (Franchet) Beissner var. *formosana* Hayata 台灣油杉·········12, 54, 66

Koelreuteria henryi Dummer 台灣欒樹（苦苓舅）·········30, 54

Kyllinga brevifolia Rottb. 短葉水蜈蚣·········59

L

Lactuca sativa L. var. *crispa* L. 皺葉萵苣·········92

Lagerstroemia indica L. 紫薇·········131

Lagerstroemia speciosa (L.) Pers. 大花紫薇·········131

Lagerstroemia subcostata Koehne 九芎·········19

Lantana camara L. 馬纓丹·········30, 148

Lemmaphyllum microphyllum C. Presl 伏石蕨（抱樹蕨）·········22, 67

Leonurus japonicus Houtt. 益母草·········106

Lepidium virginicum L. 獨行菜·········159

Leucanthemum vulgare H. J. Lam. 法國菊·········142

Lilium longiflorum Thunb. var. *formosanum* Bake 台灣百合·········57, 113, 117

Lilium speciosum Thunb. var. *gloriosoides* Baker 豔紅百合（豔紅鹿子百合）·········138

Lindera communis Hemsl. 香葉樹·········69

Lindernia ruelloides (Colsm.) Pennell 旱田草·········105

Liparis bootanensis Griff. 一葉羊耳蒜（摺疊羊耳蘭）·········57

Liparis cordifolia Hook. f. 心葉羊耳蒜（銀鈴蟲蘭）·········77

Liparis formosana Reichb. f. 寶島羊耳蒜·········109

Liquidambar formosana Hance 楓香·········46, 89

Listera japonica Blume 日本雙葉蘭·········79

Listera meifongensis H. J. Su. & C. Y. Hu 梅峰雙葉蘭·········79

Litchi chinensis Sonn. 荔枝·········172

Lithocarpus castanopsisifolius (Hayata) Hayata 鬼石櫟·········98, 113, 147

Lithocarpus formosanus (Hayata) Hayata 台灣石櫟·········76

Litsea cubeba (Lour.) Persoon 山胡椒·········140

Litsea elongata (Wall. *ex* Nees) Benth. & Hook. f. var. *mushaensis* (Hayata) J. C. Liao 霧社木薑子·········140

Litsea hypophaea Hayata 黃肉樹（小梗木薑子）·········140

Lonicera apodantha Ohwi 無梗忍冬·········76

Lonicera japonica Thunb. 忍冬 (金銀花)·········63

Loranthus kaoi (J. M. Chao) H. S. Kiu 高氏桑寄生·········23

Ludwigia × *taiwanensis* C. I Peng 台灣水龍·········40

Ludwigia adscendens (L.) H. Hara 白花水龍·········40

Ludwigia octovalvis (Jacq.) P.H. Raven 水丁香·········118

Lycianthes biflora (Lour.) Bitter 雙花龍葵·········164

Lycopodium cernuum L. 過山龍·········37

Lycopodium complanatum L. 地刷子·········84

Lycopodium pseudoclavatum Ching 假石松·········154

Lycopodium quasipolytrichoides Hayata 反捲葉石松 ⋯⋯⋯⋯⋯⋯⋯⋯⋯⋯⋯⋯⋯⋯⋯⋯10

Lysimachia japonica Thunb. 小茄 ⋯⋯68

Lysimachia remota Petitm. 蓬萊珍珠菜 ⋯⋯121

M

Macaranga tanarius (L.) Müll. Arg. 血桐 ⋯⋯78, 109

Machilus thunbergii Siebold & Zucc. 豬腳楠（紅楠）⋯⋯⋯⋯⋯⋯⋯⋯⋯⋯⋯⋯34, 52, 146

Maclura cochinchinensis (Lour.) Corner 柘樹 ⋯⋯88

Malaxis latifolia Sm. 廣葉軟葉蘭 ⋯⋯144

Mallotus japonicus (Thunb.) Muell. Arg. 野桐 ⋯⋯36

Mallotus paniculatus (Lam.) Müll. Arg. 白匏子 ⋯⋯29

Malus domestica Borkh. 蘋果 ⋯⋯166

Malus doumeri (Bois.) Chev. 台灣蘋果 ⋯⋯53

Mangifera indica L. 檬果（芒果）⋯⋯114

Marsilea minuta L. 田字草 ⋯⋯95

Mazus fauriei Bonati 佛氏通泉草 ⋯⋯108

Mazus pumilus (Burm. f.) Steenis 通泉草 ⋯⋯122, 136

Mecardonia procumbens (Mill.) Small 黃花過長沙舅 ⋯⋯⋯⋯⋯⋯⋯⋯⋯⋯⋯⋯⋯⋯⋯⋯14

Mecodium polyanthos (Sw.) Copel. 細葉蕗蕨 ⋯⋯97

Medinilla taiwaniana Y. P. Yang & H.Y. Liu 台灣厚距花 ⋯⋯⋯⋯⋯⋯⋯⋯⋯⋯⋯⋯151

Megaceros flagellaris (Mitt.) Steph. 東亞大角蘚 ⋯⋯8

Melaleuca leucadendron L. 白千層 ⋯⋯36, 51

Melastoma candidum D. Don 野牡丹 ⋯⋯73, 125

Melia azedarach L. 楝（苦楝）⋯⋯15

Melissa axillaris Bakh. f. 蜜蜂花（山薄荷、蜂草）⋯⋯⋯⋯⋯⋯⋯⋯⋯⋯⋯⋯⋯⋯⋯⋯119

Meringium denticulatum (Sw.) Copel. 厚壁蕨 ⋯⋯97

Merremia gemella (Burm. f.) Hallier f. 菜欒藤 ⋯⋯122

Michelia compressa (Maxim.) Sargent var. *formosana* Kaneh. 烏心石 ⋯⋯19

Mikania micrantha Kunth 小花蔓澤蘭 ⋯⋯21

Millettia pachycarpa Benth. 台灣魚藤 ⋯⋯22

Millettia pulchra (Benth.) Kurz. var. *microphylla* Dunn 小葉魚藤 ⋯⋯118

Mimosa pudica L. 含羞草 ⋯⋯93

Miscanthus floridulus (Labill.) Warb. 五節芒 ⋯⋯42

Mitella formosana (Hayata) Masam. 台灣嗩吶草 ⋯⋯116, 158

Mitrastemon kanehirae Yamam. 菱形奴草 ⋯⋯43

Mitrastemon kawasasakii Hayata 台灣奴草 ⋯⋯22

Momordica charantia L. 苦瓜 ⋯⋯165

Monachosorum henryi Christ 稀子蕨 ⋯⋯34

Monochoria vaginalis (Burm. f.) C. Presl 鴨舌草 ⋯⋯24

Monotropa hypopithys L. 錫杖花 ⋯⋯23

Morus alba L. 桑椹 ⋯⋯167

Morus australis Poir. 小桑樹（小葉桑）⋯⋯51, 88

Mucuna gigantea (Willd.) DC. subsp. *ashiroi* (Hayata) Ohashi & Tateishi 大血藤 ⋯⋯26

Mucuna macrocarpa Wall. 血藤 ⋯⋯17, 160

Murdannia loriformis (Hassk.) R.S. Rao & Kammathy 牛軛草 ⋯⋯139

Musa × *paradisiaca* L. 香蕉 ⋯⋯35, 71

Musa basjoo Siebold var. *formosana* (Warb.) S. S. Ying 台灣芭蕉（山芎蕉）⋯⋯35

Mussaenda pubescens W. T. Aiton 毛玉葉金花 ⋯⋯112

Myriophyllum aquaticum (Vell.) Verdc. 粉綠狐尾藻（水聚藻）⋯⋯24

N

Nageia nagi (Thunb.) Kuntze 竹柏 ⋯⋯105

Nandina domestica Thunb. 南天竹 ⋯⋯103

Neonauclea reticulata (Havil.) Merr. 欖仁舅 ⋯⋯69

Nuphar shimadae Hayata 台灣萍蓬草 ⋯⋯24

Nymphaea nouchali N. C. Burmann 藍睡蓮 ⋯⋯25

Nymphoides coreana (H. Lév.) H. Hara 小莕菜 ⋯⋯25, 77

Nymphoides indica (L.) Kuntze 印度莕菜 ⋯⋯25

O

Oenanthe javanica (Blume) DC. 水芹菜 ⋯⋯102, 126

Oenothera glazioviana Micheli 黃花月見草 ⋯⋯108

Osbeckia chinensis L. 金錦香 ⋯⋯75

Osmanthus fragrans (Thunb.) Lour. 桂花 ⋯⋯75

Osmanthus fragrans Lour. cv. Dangui 丹桂 ⋯⋯153

Osmanthus heterophyllus (G. Don) P. S. Green 異葉木犀 ⋯⋯⋯⋯⋯⋯⋯⋯⋯⋯⋯⋯⋯⋯153

Oxalis corniculata L. 酢漿草 ⋯⋯⋯⋯⋯77

Oxalis corymbosa DC. 紫花酢漿草 ⋯⋯41, 57, 77

Oxalis triangularis A. St.-Hil. 紫葉酢漿草 ⋯⋯80

P

Pachira glabra Pasq. 馬拉巴栗 ⋯⋯⋯⋯135

Paederia foetida L. 雞屎藤 ⋯⋯⋯⋯⋯15

Palaquium formosanum Hayata 大葉山欖（台灣膠木）⋯⋯⋯⋯⋯⋯⋯⋯⋯⋯⋯⋯⋯⋯12

Paris polyphylla Sm. 七葉一枝花 ⋯⋯106

Parnassia palustris L. 梅花草 ⋯⋯⋯130

Parsonsia laevigata (Moon) Alston 爬森藤 ⋯173

Parthenocissus dalzielii Gagnep. 地錦（爬牆虎）⋯⋯⋯⋯⋯⋯⋯⋯⋯⋯⋯⋯⋯63, 104

Pasania hancei (Benth.) Schottky var. *ternaticupula* (Hayata) J. C. Liao 三斗石櫟 ⋯⋯157

Passiflora edulis Sims 西番蓮（百香果）⋯⋯⋯⋯⋯⋯⋯⋯⋯⋯⋯18, 94, 116, 172

Passiflora foetida L. 毛西番蓮 ⋯⋯⋯55

Passiflora suberosa L. 三角葉西番蓮 ⋯55, 94

Paulownia × *taiwaniana* T. W. Hu & H. J. Chang 台灣泡桐 ⋯⋯⋯⋯⋯⋯⋯⋯⋯⋯⋯119

Persicaria chinensis (L.) H. Gross 火炭母草 ⋯85

Persicaria filiformis (Thunb.) Nakai *ex* W. T. Lee 金線草 ⋯⋯⋯⋯⋯⋯⋯⋯⋯⋯⋯⋯56

Persicaria nepalensis (Meisn.) H. Gross 尼泊爾蓼（野蕎麥）⋯⋯⋯⋯⋯⋯⋯⋯⋯36, 85

Persicaria perfoliata (L.) H. Gross 扛板歸 ⋯79, 103

Persicaria sagittata (L.) H. Gross 箭葉蓼 ⋯83

Persicaria senticosa (Meisn.) H. Gross 刺蓼 ⋯83

Persicaria thunbergii (Siebold & Zucc.) H. Gross 戟葉蓼 ⋯⋯⋯⋯⋯⋯⋯⋯⋯⋯⋯⋯83

Petasites formosanus Kitam. 台灣款冬 ⋯141

Peucedanum formosanum Hayata 台灣前胡 ⋯114

Peucedanum japonicum Thunb. 日本前胡 ⋯163

Phaius tankervilleae (Banks *ex* L'Her.) Blume 紅鶴頂蘭 ⋯⋯⋯⋯⋯⋯⋯⋯⋯⋯⋯⋯⋯123

Phaseolus vulagaris L. 四季豆 ⋯⋯⋯126

Phegopteris decursive-pinnata (H. C. Hall) Fée 短柄卵果蕨（翅軸假金星蕨）⋯⋯⋯⋯97

Phoenix tomentosa Hort. *ex* Gentil 毛海棗 ⋯51

Photinia serratifolia (Desf.) Kalkman 台灣石楠 ⋯125

Photinia serratifolia (Desf.) Kalkman var. *daphniphylloides* (Hayata) L.T. Lu 太魯閣石楠 ⋯148

Phyllostachys pubescens Mazel *ex* H. de Leh. 孟宗竹（毛竹）⋯⋯⋯⋯⋯⋯⋯⋯⋯⋯20

Phytolacca japonica Makino 日本商陸 ⋯145

Picea morrisonicola Hayata 台灣雲杉 ⋯37, 60

Pieris taiwanensis Hayata 台灣馬醉木 ⋯29, 120

Pilea microphylla (L.) Liebm. 小葉冷水麻 ⋯20

Pilea peploides (Gaudich.) Hook. & Arn. var. *major* Wedd. 齒葉矮冷水麻 ⋯⋯⋯⋯⋯32

Pinanga tashiroi Hayata 山檳榔 ⋯⋯⋯52

Pinus armandii Franch. var. *masteriana* Hayata 台灣華山松 ⋯⋯⋯⋯⋯⋯⋯⋯⋯⋯29, 72

Pinus elliottii Engelm. 濕地松 ⋯⋯⋯72

Pinus taiwanensis Hayata 台灣二葉松 ⋯29, 72

Piper kadsura (Choisy) Ohwi 風藤 ⋯37, 88

Pistacia chinensis Bunge 黃連木 ⋯⋯101

Pistia stratiotes L. 大萍 ⋯⋯⋯⋯26, 80

Pittosporum daphniphylloides Hayata 大葉海桐 ⋯144

Plagiogyria euphlebia (Kunze) Mett. 華中瘤足蕨 ⋯67

Plantago asiatica L. 車前草 ⋯⋯108, 158

Plantago major L. 大車前草 ⋯⋯⋯158

Pleione bulbocodioides (Franch.) Rolfe 台灣一葉蘭 ⋯⋯⋯⋯⋯⋯⋯⋯⋯⋯⋯⋯⋯⋯130

Pleuromanes pallidum (Blume) C. Presl 毛葉蕨 ⋯97

Plumeria rubra L. 'Acutifolia' 緬梔（雞蛋花）⋯20

Poa annua L. 早熟禾 ⋯⋯⋯⋯⋯⋯72

Podocarpus costalis C. Presl 蘭嶼羅漢松 ⋯154, 169

Podocarpus macrophyllum (Thunb.) Sweet 大葉羅漢松 ⋯⋯⋯⋯⋯⋯⋯⋯⋯⋯⋯⋯⋯9

Podocarpus nakaii Hayata 桃實百日青 ⋯169

Pollia miranda (H. Lev.) H. Hara 小杜若 ⋯13

Polygala japonica Houtt. 瓜子金 ⋯⋯116

Polygonatum arisanense Hayata 萎蕤 ⋯71

203

Polypodium amoenum Wall. *ex* Mett. 阿里山水龍骨 · 9

Pometia pinnata J. R. Forst. & G. Forst. 番龍眼 ····· 98

Pongamia pinnata (L.) Pierre 水黃皮 ·········76, 102

Portulaca pilosa L. 毛馬齒莧 ·························158

Portulaca psammontropha Hance 沙生馬齒莧（東沙馬齒莧）····························28

Potamogeton crispus L. 馬藻 ·····················25

Potentilla leuconota D. Don 玉山金梅 ·············101

Pothos chinensis (Raf.) Merr. 柚葉藤 ··········22, 99

Pourthiaea villosa (Thunb.) Decne. var. *parvifolia* (Pritz.) Iketani & H. Ohashi 小葉石楠 ········166

Prunus campanulata Maxim. 山櫻花 ·····52, 66, 89

Prunus persica (L.) Batsch 水蜜桃 ···········166

Prunus salicina Lindl. 李 ·····················125

Prunus transarisanensis Hayata 阿里山櫻花 ····112

Pseudodrynaria coronans (Wall. *ex* Mett.) Ching 崖薑蕨 ······························10

Pseudotsuga sinensis Dode 黃杉 ···············14

Psilotum nudum (L.) Beauv. 松葉蕨 ·············9

Pteris tokioi Masam. 鈴木氏鳳尾蕨 ·············10

Pyrola morrisonensis (Hayata) Hayata 玉山鹿蹄草 ····························144

Pyrus serotina Rehder 梨 ·····················164

Q

Quercus dentata Thunb. 槲樹 ···················91

Quercus glauca Thunb. *ex* Murray 青剛櫟 ····42, 73

Quercus pachyloma Seemen 捲斗櫟 ·············31

Quercus stenophylloides Hayata 狹葉櫟 ·········169

Quercus tarokoensis Hayata 太魯閣櫟 ···········161

Quercus variabilis Blume 栓皮櫟 ···············157

R

Ranunculus cantoniensis DC. 水辣菜 （禺毛茛）····· ····························108, 167

Ranunculus cheirophyllus Hayata 掌葉毛茛 ······93

Ranunculus japonicus Thunb. 毛茛 ·············134

Ranunculus taisanensis Hayata 鹿場毛茛 ········129

Raphanus sativus L. f. raphanistroides Makino 濱萊菔 ·····························136, 159

Rhapis excelsa (Thunb.) A. Henry 觀音棕竹 ······95

Rhododendron chilanshanense Kurashige 棲蘭山杜鵑 ····························140

Rhododendron formosanum Hemsl. 台灣杜鵑 ····· ·····················73, 121, 138

Rhododendron kanehirae E. H. Wilson 烏來杜鵑 ···16

Rhododendron kawakamii Hayata 著生杜鵑（黃花著生杜鵑）····························140

Rhododendron pseudochrysanthum Hayata 玉山杜鵑 · ····························125

Ribes formosanum Hayata 台灣茶藨子 ···········164

Rivina humilis L. 珊瑚珠 ·······················29

Rorippa indica (L.) Hiern 葶藶 ·················159

Rosa bracteata Wendl. 琉球野薔薇 ·············153

Rosa transmorrisonensis Hayata 高山薔薇 ····53, 89

Roystonea regia O. F. Cook 大王椰子 ···········52

Rubia akane Nakai 紅藤仔草 （過山龍）··········37

Rubus croceacanthus H. Lév. 虎婆刺 ···········109

Rubus formosensis Kuntze 台灣懸鉤子 ··········69

Rubus hui Diels 胡氏懸鉤子 ···················96

Rubus lambertianus Ser. *ex* DC. 高梁泡 ········146

Rubus niveus Thunb. 白絨懸鉤子 ···············102

Rubus pectinellus Maxim. 刺萼寒莓 ·········78, 167

Rubus rosifolius Sm. 刺莓 ·····················131

Rumex japonicus Houtt. 羊蹄 ···················92

S

Sagittaria trifolia L. 三腳剪（慈姑）············163

Salix fulvopubescens Hayata 褐毛柳 ············112

Salix taiwanalpina Kimura var. *morrisonicola* (Kimura) K. C. Yang & T. C. Huang 玉山柳 ······113

Salix warburgii Seemen 水柳 ··················147

Salvia nipponica Miq. var. *formosana* (Hayata) Kudo 黃花鼠尾草 ····························83

Sambucus chinensis Lindl. 冇骨消 ···········15, 36

Sandoricum indicum Cav. 山陀兒 ···············99

Sanicula lamelligera Hance 三葉山芹菜 ·········114

Sanicula petagnioides Hayata 五葉山芹菜⋯⋯⋯ 134

Sassafras randaiense (Hayata) 台灣檫樹⋯⋯⋯ 12

Saxifraga stolonifera Meerb. 虎耳草⋯⋯⋯ 78

Scaevola sericea Forst. f. *ex* Vahl 草海桐⋯⋯⋯ 27

Schefflera octophylla (Lour.) Harms 鵝掌柴（江某、高山鴨腳木）⋯⋯⋯ 37, 100

Schefflera odorata (Blanco) Merr & Rolfe 鵝掌藤⋯ 100

Schoenoplectus mucronatus (L.) Palla subsp. *robustus* (Miq.) T. Koyama 水毛花⋯⋯⋯ 54

Scurrula lonicerifolia (Hayata) Danser 大花桑寄生⋯ 31

Scutellaria taiwanensis C. Y. Wu 台灣黃芩⋯⋯⋯ 106

Sedum morrisonense Hayata 玉山佛甲草⋯⋯⋯ 19

Sedum subcapitatum Hayata 穗花八寶（穗花佛甲草）⋯⋯⋯ 134

Semecarpus gigantifolia Vidal 台東漆樹⋯⋯⋯ 169

Senna surattensis (Burm. f.) H. S. Irwin & Barneby 黃槐⋯⋯⋯ 101

Sesbania sesban (L.) Merr. 印度田菁⋯⋯⋯ 31

Sesuvium portulacastrum (L.) L. 海馬齒⋯⋯⋯ 61

Sida rhombifolia L. subsp. *insularis* (Hatus.) Hatus. 恆春金午時花⋯⋯⋯ 61

Silene morrison-montana (Hayata) Ohwi & H. Ohashi var. *glabella* (Ohwi) Ohwi & H. Ohashi 禿玉山蠅子草⋯⋯⋯ 28

Silene morrisonmontana (Hayata) Ohwi & H. Ohashi 玉山蠅子草⋯⋯⋯ 133

Smilax arisanensis Hayata 阿里山菝葜⋯⋯⋯ 149

Smilax ocreata A. DC. 耳葉菝葜⋯⋯⋯ 17

Solanum americanum Miller 光果龍葵⋯⋯⋯ 164

Solanum capsicoides All. 刺茄⋯⋯⋯ 137

Solanum diphyllum L. 瑪瑙珠（黃果龍葵）⋯⋯⋯ 21

Solanum mammosum L. 五指茄⋯⋯⋯ 132

Solanum nigrum L. 龍葵⋯⋯⋯ 121

Solanum tuberosum L. 馬鈴薯⋯⋯⋯ 56

Solanum violaceum Ortega 印度茄⋯⋯⋯ 91, 164

Solidago virga-aurea L. var. *leiocarpa* (Benth.) A. Gray 一枝黃花⋯⋯⋯ 60

Sonchus oleraceus L. 苦滇菜（苦菜）⋯⋯⋯ 85

Spathoglottis plicata Blume 紫苞舌蘭⋯⋯⋯ 71

Sphenoclea zeylanica Gaertn. 尖瓣花⋯⋯⋯ 130

Sphenomeris biflora (Kaulf.) Tagawa 闊片烏蕨⋯ 97

Spiraea formosana Hayata 台灣繡線菊⋯⋯⋯ 148

Stachytarpheta urticifolia (Salisb.) Sims 長穗木⋯ 147

Staurogyne concinnula (Hance) Kuntze 哈哼花⋯ 136

Stellaria arisanensis (Hayata) Hayata 阿里山繁縷⋯ 80

Sterculia ceramica R. Br. 蘭嶼蘋婆⋯⋯⋯ 51

Stimpsonia chamaedryoides C. Wright *ex* A. Gray 施丁草⋯⋯⋯ 121, 158

Sunipia andersonii (King & Pantl.) P. F. Hunt 綠花寶石蘭⋯⋯⋯ 57

Suzukia shikikunensis Kudo 金錢薄荷⋯⋯⋯ 90

Swertia macrosperma (C. B. Clarke) C. B. Clarke 大籽當藥（巒大當藥）⋯⋯⋯ 138

Swertia shintenensis Hayata 新店當藥⋯⋯⋯ 36

Swertia tozanensis Hayata 高山當藥⋯⋯⋯ 129

Swida macrophylla (Wall.) Soják 梜木⋯⋯⋯ 98

Swietenia macrophylla King 大葉桃花心木⋯⋯⋯ 100

Symplocos stellaris Brand 枇杷葉灰木⋯⋯⋯ 153

Syneilesis subglabrata (Yamam. & Sasaki) Kitam. 高山破傘菊⋯⋯⋯ 95

Syngonium podophyllum Schott 合果芋⋯⋯⋯ 42

Syngonium wendlandii Schott 絨葉合果芋⋯⋯⋯ 83

T

Tabebuia impetiginosa (DC.) Standley. 洋紅風鈴木⋯⋯⋯ 100

Tadehagi triquetrum (L.) Ohashi subsp. *pseudotriquetrum* (DC.) Ohashi 葫蘆茶⋯⋯⋯ 99

Taeniophyllum glandulosum Blume 蜘蛛蘭⋯⋯⋯ 44

Taiwania cryptomerioides Hayata 台灣杉⋯⋯⋯ 54, 84

Taraxacum officinale Weber 西洋蒲公英⋯⋯⋯ 40

Taxillus pseudochinensis (Yamam.) Danser 恆春桑寄生⋯⋯⋯ 43

Taxodium distichum (L.) Rich. 落羽松（落羽杉）⋯ 45

Taxus sumatrana (Miq.) de Laub. 南洋紅豆杉⋯⋯ 172

Terminalia catappa L. 欖仁⋯⋯⋯ 76

Ternstroemia gymnanthera (Wight & Arn.) Sprague 厚皮香⋯⋯⋯ 137

Tetrastigma bioritsense (Hayata) T. W. Hsu & C. S. Kuoh 三腳鱉草（苗栗崖爬藤）···········99

Thrixspermum laurisilvaticum (Fukuy.) Garay 黃蛾蘭（新竹風蘭）············44

Thrixspermum saruwatarii (Hayata) Schltr. 小白蛾蘭·········44

Thysanotus chinensis Benth. 異蕊草·········72

Titanotrichum oldhamii (Hemsl.) Soler. 俄氏草（台閩苣苔）·········35, 119

Toona sinensis (A.Jussieu) M.Roemer 香椿·······14

Torenia violacea (Azaola *ex* Blanco) Pennell 紫萼蝴蝶草（長梗花蜈蚣）·········136

Tournefortia argentea L. f. 白水木········104, 107

Tournefortia sarmentosa Lam. 冷飯藤········152

Trachelospermum asiaticum (Siebold & Zucc.) Nakai 細梗絡石·········120

Trachelospermum jasminoides (Lindl.) Lemaire 絡石········17

Trapa bispinosa Roxb. var. *iinumai* Nakano 菱·······26

Tricalysia dubia (Lindl.) Ohwi 狗骨仔········132

Tricyrtis suzukii Masam. 鈴木氏油點草·········13

Trigonotis formosana Hayata 台灣附地草·······152

Tripterospermum alutaceifolium (T. S. Liu & Chiu C. Kuo) J. Murata 台北肺形草·········16

Tripterospermum lanceolatum (Hayata) H. Hara *ex* Satake 玉山肺形草（披針葉肺形草）·········18, 73

Triticum aestivum L. 小麥·········162

Trochodendron aralioides Siebold & Zucc. 昆欄樹（雲葉）·········21, 34, 160

Tropaeolum majus L. 金蓮花·········79

Tuberolabium kotoense Yamam. 管唇蘭·········22

Typhonium blumei Nicolson & Sivadasan 土半夏·········56, 83

U

Ulmus uyematsui Hayata 阿里山榆·········161

Uncaria lanosa Wall. var. *appendiculata* Ridsdale 恆春鉤藤·········109

Uraria crinita (L.) Desv. *ex* DC. 兔尾草·········146

Urena lobata L. 野棉花·········163

V

Vaccinium merrillianum Hayata 高山越橘·········120

Vernicia montana Lour. 油桐（千年桐）·········20

Vernonia gratiosa Hance 過山龍·········37

Viburnum luzonicum Rolfe 呂宋莢蒾·········16

Vicia radiatus L. 綠豆·········13

Victoria amazonica (Poepp.) Sowerby 亞馬遜王蓮·79

Vigna angularis (Willd) Ohwi et Ohashi 紅豆·········172

Vigna marina (Burm.) Merr. 濱豇豆·········118

Viola adenothrix Hayata 喜岩菫菜·········90

Viola diffusa Ging 茶匙黃·········62, 81, 107

Viola formosana Hayata 台灣菫菜·········90

Viola inconspicua Blume subsp. *nagasakiensis* (W. Becker) J.C. Wang & T.C. Huang 小菫菜·········124

Vitex rotundifolia L. f. 海埔姜·········27

W

Wahlenbergia marginata (Thunb.) A. DC. 細葉蘭花參·········61

Wikstroemia mononectaria Hayata 紅蕘花····104, 120

Wisteria sinensis (Sims) Sweet 紫藤·········20

Woodwardia orientalis Sw. var. *formosana* Rosenst. 台灣狗脊蕨·········34

Y

Yinshania rivulorum (Dunn) Al-Shehbaz, G. Yang, L. L. Lu & T. Y. Cheo 台灣假山葵·········159

Youngia japonica (L.) DC. subsp. *formosana* (Hayata) Kitam. 台灣黃鵪菜·········81, 108

Youngia japonica (L.) DC. subsp. *longiflora* Babc. & Stebbins 大花黃鵪菜·········91

Ypsilandra thibetica Franch. 丫蕊花·········127

Yushania niitakayamensis (Hayata) Keng f. 玉山箭竹·········44

Z

Zanthoxylum nitidum (Roxb.) DC. 雙面刺·········100

Zanthoxylum schinifolium Siebold & Zucc. 翼柄花椒 ·
·······························53, 100

Zea mays L. 玉蜀黍（玉米）·····················13

Zehneria mucronata (Bl.) Miq. 黑果馬㼎兒··········16

Zelkova serrata (Thunb.) Makino 欅··········59

Zephyranthes candida (Lindl.) Herb. 蔥蘭········138

Zingiber officinale Rosc. 薑···············58

《植物學百科圖典》 最新分類法 APG IV 增訂版

YA1068Z

作　　　者	彭鏡毅
責任主編	李季鴻
協力編輯	胡嘉穎、陳妍妏
專業校對	黃瓊慧
版面構成	張曉君
封面設計	林敏煌
行銷統籌	張瑞芳
行銷專員	何郁庭
總 編 輯	謝宜英
出 版 者	貓頭鷹出版

發 行 人　涂玉雲
榮譽社長　陳穎青
發　　　行　英屬蓋曼群島商家庭傳媒股份有限公司城邦分公司
　　　　　　104 台北市中山區民生東路二段 141 號 11 樓
劃撥帳號：19863813 ／戶名：書虫股份有限公司
城邦讀書花園：www.cite.com.tw ／購書服務信箱：service@readingclub.com.tw
購書服務專線：02-25007718 ～ 9（週一至週五上午 09:30-12:00；下午 13:30-17:00）
24 小時傳真專線：02-25001990 ～ 1
香港發行所　城邦（香港）出版集團／電話：852-28778606 ／傳真：852-25789337
馬新發行所　城邦（馬新）出版集團／電話：603-90563833 ／傳真：603-90576622
印 製 廠　中原造像股份有限公司
初　　　版　2011 年 8 月／四版三刷 2023 年 6 月
定　　　價　新台幣 840 元／港幣 280 元（紙本精裝）
　　　　　　新台幣 588 元（電子書 ePub）
ISBN　978-986-262-441-8（紙本精裝）
　　　　978-986-262-462-3（電子書 ePub）

有著作權·侵害必究

貓頭鷹
讀者意見信箱　owl@cph.com.tw
投稿信箱　owl.book@gmail.com
貓頭鷹臉書　facebook.com/owlpublishing/
【大量採購，請洽專線】(02)2500-1919

城邦讀書花園
www.cite.com.tw

國家圖書館出版品預行編目 (CIP) 資料

植物學百科圖典 / 彭鏡毅著 . -- 四版 . -- 臺北
市：貓頭鷹出版：家庭傳媒城邦分公司發行，
2020.10
208 面；16.8×23 公分
ISBN 978-986-262-441-8（精裝）
1. 植物圖鑑 2. 台灣

375.233　　　　　　　　　　109014861